海门口遗址木质文物保护关键技术研究与应用

邱 坚 高景然 著

中国林业出版社
·北京·

图书在版编目(CIP)数据

海门口遗址木质文物保护关键技术研究与应用/邱坚，高景然著. —北京：中国林业出版社，2020.8
ISBN 978-7-5219-0737-7

Ⅰ.①海… Ⅱ.①邱…②高… Ⅲ.①木结构-古建筑遗址-文物保护-研究-剑川县 Ⅳ.①K878.34

中国版本图书馆 CIP 数据核字(2020)第 144279 号

中国林业出版社·建筑家居分社
责任编辑：李 顺 樊 菲

出　　版：	中国林业出版社
	（100009　北京西城区刘海胡同 7 号）
网　　站：	http://lycb.forestry.gov.cn
发　　行：	中国林业出版社
电　　话：	（010）83143610
印　　刷：	中林科印文化发展（北京）有限公司
版　　次：	2020 年 12 月第 1 版
印　　次：	2020 年 12 月第 1 次
开　　本：	1/16
印　　张：	10.375
字　　数：	200 千字
定　　价：	88.00 元

FOREWORD

前　言

　　海门口遗址位于云南省大理白族自治州剑川县。该遗址通常被认为是我国最大的水滨木构"干栏式建筑聚落遗址"，具有十分重要的考古价值，被列为"2008年全国十大考古发现"之一。由于该遗址年代久远、发掘后保护不力，致使遗址中饱水古木已经发生严重降解。鉴于海门口遗址的文物价值和木质文物现状，2008年6月，在由国家文物局组织的国家级发掘成果论证会上，专家一致认为应当尽快对遗址发掘区的木质构件采取相应的抢救性保护措施，特别是水中木质文物保护技术研究应尽快提上日程。

　　2011年12月19日，由西南林业大学和剑川县民族博物馆共同申报和实施的"海门口遗址木质文物保护关键技术研究与应用"项目正式启动，标志着海门口遗址木质文物保护工作正式进入实施阶段。该项目得到了云南省科技厅的积极支持，被列入云南省社会发展项目，并由省科技厅提供资金支持，预计用4年时间对海门口遗址木质文物保护进行技术研究和应用。

　　课题组首先对遗址12个探方中采集的528块木材进行了材种鉴定。同时，通过基本密度、尺寸干缩率和湿胀率、顺纹抗压强度及表面接触角等指标分析饱水古木腐朽程度，并将饱水古木的降解程度分为4个等级。再通过化学成分分析、固体核磁共振、结晶度分析、扫描电子显微镜（SEM）和透射电子显微镜（TEM）微观构造及红外测试等手段分析古木腐朽机理。依据前述饱水古木降解程度及机理，课题组用饱水古木小试件（常用尺寸：2 cm×2 cm×2 cm）进行探索试验，最终确定了3种适合海门口遗址饱水古木的加固方法：天然树脂法、壳聚糖法和酚醛树脂法。并用这3种方法对143根饱水古木进行加固：用天然树脂法加固古木62根；用壳聚糖法加固古木21根；用酚醛树脂法加固古木60根。加固完成后，通过基本密度、顺纹抗压强度、抗流失性能以及耐菌腐性能等指标对加固效果进行评价。通过结晶度分析、SEM 微观构造分析以及红外测试等手段对加固机理进行分析。

3 种方法加固后的古木纹理、材色、质地都比较接近现代健康材，基本保留了古木在被淹埋前的特征(如年轮和人工刀劈痕迹等)。3 种方法的优缺点及适用条件不同：酚醛树脂法加固的古木力学强度最高、加固流程简单，适合在原址对大体量饱水古木进行现场加固；天然树脂法加固的古木具有良好的尺寸稳定性、疏水性、抗流失性能，力学强度也能满足加固要求，且满足木质文物加固的可逆性，但加固流程相对复杂，适合大体量饱水木质文物异地加固；壳聚糖法加固流程简单，且天然、无毒、无害，但加固成本相对偏高，适合小体量饱水木质文物加固。

本研究将为海门口遗址打造成为云南青铜文明起源的重要基地奠定技术基础。同时，本研究突破了实验室探索，直接对大尺寸饱水古木进行加固保护，可为将来大尺寸饱水古木的加固保护应用提供可直接借鉴的宝贵经验。

基于学术成果共享的理念，笔者团队撰写了此书。

全书共 11 章，具体撰写分工如下：第 1 章、第 4 章、第 5 章由邱坚撰写；第 2 章、第 3 章由崔新婕撰写；第 6 章至第 11 章由高景然撰写。

本研究及图书的出版得到云南省社会发展科技计划项目"海门口遗址木质文物保护关键技术研究与应用(编号：2011CA020)"的资助，在此表示诚挚的谢意。

由于作者水平有限，书中偶有疏漏之处，敬请广大读者批评指正。

作　者

2020 年 6 月 8 日

目 录

前 言

1 绪 论 …………………………………………………………… (1)
  1.1 海门口遗址的考古价值 …………………………………… (1)
    1.1.1 海门口遗址基本情况 ………………………………… (1)
    1.1.2 海门口遗址木质文物 ………………………………… (3)
  1.2 饱水木质文物加固保护的国内外研究现状 ……………… (4)
    1.2.1 饱水木质文物基本性质国内外研究现状 …………… (5)
    1.2.2 饱水木质文物腐朽机制国内外研究现状 …………… (7)
    1.2.3 饱水木质文物加固保护国内外研究现状 …………… (7)
    1.2.4 饱水木质文物脱水干燥国内外研究现状 …………… (9)
  1.3 研究的主要内容 …………………………………………… (11)
    1.3.1 海门口遗址饱水古木树种鉴定 ……………………… (11)
    1.3.2 海门口遗址饱水木质文物降解评价及降解机理分析 … (11)
    1.3.3 海门口遗址饱水木质文物加固机理分析 …………… (11)

2 古木切片制作前期包埋条件探究 …………………………… (13)
  2.1 引 言 ……………………………………………………… (13)
  2.2 实验材料 …………………………………………………… (13)
    2.2.1 主要实验试剂 ………………………………………… (13)
    2.2.2 实验样品 ……………………………………………… (13)
  2.3 实验仪器 …………………………………………………… (14)
  2.4 实验方法 …………………………………………………… (14)
  2.5 实验结果 …………………………………………………… (15)
    2.5.1 不同聚合度 PEG 对包埋后古木 P_{cr} 的影响 ……… (15)
    2.5.2 负压次数对包埋后古木 P_{cr} 的影响 ……………… (16)
    2.5.3 恒温时间对包埋后古木 P_{cr} 的影响 ……………… (17)
    2.5.4 逐级渗透浓度对包埋后古木 P_{cr} 的影响 ………… (18)

2.6 本章小结 ……………………………………………………………… (18)
3 海门口遗址饱水木质文物树种鉴定分析 …………………………… (20)
  3.1 实验材料 ……………………………………………………………… (20)
    3.1.1 主要实验试剂 ……………………………………………………… (20)
    3.1.2 实验样品 …………………………………………………………… (20)
  3.2 实验仪器 ……………………………………………………………… (20)
  3.3 实验方法 ……………………………………………………………… (20)
    3.3.1 切片制作 …………………………………………………………… (20)
    3.3.2 切片观察 …………………………………………………………… (21)
  3.4 识别分析过程 ………………………………………………………… (21)
    3.4.1 松属木材 …………………………………………………………… (21)
    3.4.2 壳斗科锥属木材 …………………………………………………… (24)
  3.5 本章小结 ……………………………………………………………… (25)
4 海门口遗址饱水木质文物降解程度分析 …………………………… (26)
  4.1 引 言 ………………………………………………………………… (26)
  4.2 实验材料 ……………………………………………………………… (27)
  4.3 实验方法 ……………………………………………………………… (28)
    4.3.1 基本密度测定 ……………………………………………………… (28)
    4.3.2 最大含水率测定 …………………………………………………… (29)
    4.3.3 绝干孔隙率测定 …………………………………………………… (30)
    4.3.4 饱和至绝干干缩率、绝干至饱和湿胀率测定 …………………… (30)
    4.3.5 顺纹抗压强度测定 ………………………………………………… (32)
    4.3.6 表面接触角测定 …………………………………………………… (33)
  4.4 实验结果 ……………………………………………………………… (33)
    4.4.1 基本密度、最大含水率及绝干孔隙率 …………………………… (33)
    4.4.2 饱和至绝干干缩率、绝干至饱和湿胀率 ………………………… (35)
    4.4.3 顺纹抗压强度 ……………………………………………………… (37)
    4.4.4 表面接触角 ………………………………………………………… (38)
  4.5 本章小结 ……………………………………………………………… (39)
5 海门口遗址饱水木质文物腐朽机理分析 …………………………… (40)
  5.1 实验方法 ……………………………………………………………… (40)
    5.1.1 常规化学成分分析 ………………………………………………… (40)
    5.1.2 结晶度及晶区尺寸分析 …………………………………………… (40)
    5.1.3 FTIR 分析 …………………………………………………………… (41)

  5.1.4 ^{13}C 固体核磁共振分析 …………………………………… (42)

  5.1.5 SEM 微观构造分析 ……………………………………… (42)

  5.1.6 TEM 微观构造分析 ……………………………………… (43)

 5.2 实验结果与讨论 ……………………………………………… (45)

  5.2.1 常规化学成分分析 ……………………………………… (45)

  5.2.2 结晶度及结晶区尺寸分析 ……………………………… (46)

  5.2.3 FTIR 分析 ………………………………………………… (47)

  5.2.4 ^{13}C 固体核磁共振分析 …………………………………… (50)

  5.2.5 SEM 微观构造分析 ……………………………………… (52)

  5.2.5 TEM 微观构造分析 ……………………………………… (56)

 5.3 本章小结 ……………………………………………………… (58)

6 天然树脂加固法步骤及加固效果评价 …………………………… (60)

 6.1 氢化松香 ……………………………………………………… (60)

  6.1.1 氢化松香的来源 ………………………………………… (60)

  6.1.2 氢化松香的性质 ………………………………………… (60)

  6.1.3 氢化松香的应用 ………………………………………… (61)

 6.2 紫胶 …………………………………………………………… (62)

  6.2.1 紫胶的来源及性质 ……………………………………… (62)

  6.2.2 紫胶的应用 ……………………………………………… (62)

 6.3 饱水古木 ……………………………………………………… (63)

 6.4 加固试剂 ……………………………………………………… (63)

 6.5 天然树脂加固法的步骤 ……………………………………… (63)

  6.5.1 采样、编号、包装及运输 ……………………………… (63)

  6.5.2 清洗、称重及测量 ……………………………………… (64)

  6.5.3 编号牌制作 ……………………………………………… (64)

  6.5.4 杀菌 ……………………………………………………… (65)

  6.5.5 脱色 ……………………………………………………… (65)

  6.5.6 处理废弃的草酸溶液 …………………………………… (66)

  6.5.7 脱水 ……………………………………………………… (66)

  6.5.8 配制天然树脂乙醇混合溶液 …………………………… (67)

  6.5.9 浸渍 ……………………………………………………… (67)

  6.5.10 处理废弃的天然树脂乙醇混合溶液 ………………… (68)

  6.5.11 气干 ……………………………………………………… (68)

  6.5.12 称重及测量 …………………………………………… (69)

6.6 天然树脂加固法加固效果评价方法 ………………………………… (69)
  6.6.1 加固干缩率、脱水干缩率和估算载药量实验 ……………… (69)
  6.6.2 基本密度和最大含水率实验 ………………………………… (71)
  6.6.3 饱和至绝干干缩率、绝干至饱和湿胀率实验 ……………… (72)
  6.6.4 顺纹抗压强度实验 …………………………………………… (72)
  6.6.5 表面接触角实验 ……………………………………………… (72)
  6.6.6 耐菌腐实验 …………………………………………………… (72)
  6.6.7 抗流失实验 …………………………………………………… (74)
  6.6.8 天然树脂脱出实验 …………………………………………… (75)
6.7 天然树脂加固法加固效果评价 …………………………………… (75)
  6.7.1 加固干缩率、脱水干缩率和估算载药量 …………………… (75)
  6.7.2 最大含水率和基本密度 ……………………………………… (78)
  6.7.3 饱和至绝干干缩率、绝干至饱和湿胀率 …………………… (79)
  6.7.4 顺纹抗压强度 ………………………………………………… (81)
  6.7.5 表面接触角 …………………………………………………… (82)
  6.7.6 耐菌腐性能 …………………………………………………… (83)
  6.7.7 抗流失性能 …………………………………………………… (84)
  6.7.8 天然树脂脱出性能 …………………………………………… (84)
6.8 本章小结 …………………………………………………………… (86)

7 天然树脂加固法加固机理分析 ………………………………………… (88)
7.1 实验材料与方法 …………………………………………………… (88)
  7.1.1 结晶度分析 …………………………………………………… (88)
  7.1.2 SEM 微观构造分析 ………………………………………… (88)
  7.1.3 FTIR 分析 …………………………………………………… (88)
7.2 实验结果与讨论 …………………………………………………… (89)
  7.2.1 结晶度分析 …………………………………………………… (89)
  7.2.2 SEM 微观构造分析 ………………………………………… (90)
  7.2.3 FTIR 分析 …………………………………………………… (92)
7.3 本章小结 …………………………………………………………… (94)

8 壳聚糖加固法步骤及加固效果评价 …………………………………… (95)
8.1 壳聚糖 ……………………………………………………………… (95)
  8.1.1 壳聚糖的来源 ………………………………………………… (95)
  8.1.2 壳聚糖的分子结构和性质 …………………………………… (95)
  8.1.3 壳聚糖的应用 ………………………………………………… (96)

8.2 饱水古木 …………………………………………………… (97)
8.3 加固试剂 …………………………………………………… (97)
8.4 壳聚糖加固法的步骤 ……………………………………… (97)
 8.4.1 采样、包装及运输 ………………………………… (97)
 8.4.2 清洗、称重及测量 ………………………………… (97)
 8.4.3 编号 ………………………………………………… (97)
 8.4.4 杀菌 ………………………………………………… (97)
 8.4.5 脱色 ………………………………………………… (98)
 8.4.6 处理草酸废液 ……………………………………… (98)
 8.4.7 配制壳聚糖溶液 …………………………………… (98)
 8.4.8 浸渍 ………………………………………………… (98)
 8.4.9 气干 ………………………………………………… (99)
 8.4.10 处理壳聚糖酸性废液 …………………………… (99)
 8.4.11 称重及测量 ……………………………………… (100)
8.5 壳聚糖加固法加固效果评价方法 ………………………… (100)
 8.5.1 加固干缩率和估算载药量实验 …………………… (100)
 8.5.2 基本密度和最大含水率实验 ……………………… (101)
 8.5.3 饱和至绝干干缩率、绝干至饱和湿胀率实验 …… (101)
 8.5.4 顺纹抗压强度实验 ………………………………… (101)
 8.5.5 表面接触角实验 …………………………………… (101)
 8.5.6 耐菌腐实验 ………………………………………… (101)
 8.5.7 抗流失实验 ………………………………………… (101)
8.6 壳聚糖加固法加固效果评价 ……………………………… (102)
 8.6.1 加固干缩率和估算载药量 ………………………… (102)
 8.6.2 基本密度和最大含水率 …………………………… (103)
 8.6.3 饱和至绝干干缩率、绝干至饱和湿胀率 ………… (104)
 8.6.4 顺纹抗压强度 ……………………………………… (105)
 8.6.5 表面接触角 ………………………………………… (106)
 8.6.6 耐菌腐性能 ………………………………………… (107)
 8.6.7 抗流失性能 ………………………………………… (107)
8.7 本章小结 …………………………………………………… (108)

9 壳聚糖加固法加固机理分析 ………………………………… (110)
9.1 实验材料与方法 …………………………………………… (110)
 9.1.1 结晶度及晶区尺寸分析 …………………………… (110)

9.1.2　SEM 微观构造分析 …………………………………… (110)
　　9.1.3　FTIR 分析 …………………………………………… (110)
　9.2　结果与分析 ……………………………………………………… (111)
　　9.2.1　结晶度及晶区尺寸分析 ………………………………… (111)
　　9.2.2　SEM 微观构造分析 ……………………………………… (111)
　　9.2.3　FTIR 分析 ………………………………………………… (113)
　9.3　本章小结 ………………………………………………………… (114)

10　酚醛树脂加固法步骤及加固效果评价 …………………………… (116)
　10.1　酚醛树脂 ………………………………………………………… (116)
　　10.1.1　酚醛树脂的概念 ………………………………………… (116)
　　10.1.2　热固性酚醛树脂的合成及固化 ………………………… (116)
　　10.1.3　酚醛树脂的性质及应用 ………………………………… (118)
　10.2　饱水古木 ………………………………………………………… (119)
　10.3　加固试剂 ………………………………………………………… (119)
　10.4　酚醛树脂加固法的步骤 ………………………………………… (119)
　　10.4.1　采样、包装及运输 ……………………………………… (119)
　　10.4.2　清洗、称重及测量 ……………………………………… (119)
　　10.4.3　编号 ……………………………………………………… (119)
　　10.4.4　杀菌 ……………………………………………………… (119)
　　10.4.5　配制酚醛树脂浸渍液 …………………………………… (120)
　　10.4.6　浸渍 ……………………………………………………… (120)
　　10.4.7　脱色 ……………………………………………………… (120)
　　10.4.8　气干 ……………………………………………………… (121)
　　10.4.9　称重及测量 ……………………………………………… (121)
　10.5　酚醛树脂加固法加固效果评价方法 …………………………… (122)
　　10.5.1　加固干缩率和估算载药量实验 ………………………… (122)
　　10.5.2　基本密度和最大含水率实验 …………………………… (122)
　　10.5.3　饱和至绝干干缩率、绝干至饱和湿胀率实验 ………… (122)
　　10.5.4　顺纹抗压强度实验 ……………………………………… (122)
　　10.5.5　表面接触角实验 ………………………………………… (123)
　　10.5.6　甲醛释放量实验 ………………………………………… (123)
　　10.5.7　抗流失实验 ……………………………………………… (124)
　10.6　酚醛树脂加固法加固效果评价 ………………………………… (124)
　　10.6.1　加固干缩率和估算载药量 ……………………………… (124)

         10.6.2　基本密度和最大含水率 …………………………………………（125）
         10.6.3　饱和至绝干干缩率、绝干至饱和湿胀率 ………………………（125）
         10.6.4　顺纹抗压强度 ……………………………………………………（127）
         10.6.5　表面接触角 ………………………………………………………（128）
         10.6.6　抗流失性能 ………………………………………………………（128）
         10.6.7　甲醛释放量 ………………………………………………………（129）
   10.7　本章小结 …………………………………………………………………（130）
11　酚醛树脂加固法加固机理分析 ……………………………………………（131）
   11.1　实验材料及方法 …………………………………………………………（131）
         11.1.1　结晶度及晶区尺寸分析 …………………………………………（131）
         11.1.2　SEM 微观构造分析 ………………………………………………（131）
         11.1.3　荧光显微镜分析 …………………………………………………（131）
         11.1.4　FTIR 分析 …………………………………………………………（132）
   11.2　实验结果与分析 …………………………………………………………（132）
         11.2.1　结晶度及晶区尺寸分析 …………………………………………（132）
         11.2.2　SEM 微观构造分析 ………………………………………………（133）
         11.2.3　荧光显微镜分析 …………………………………………………（134）
         11.2.4　FTIR 分析 …………………………………………………………（135）
   11.3　本章小结 …………………………………………………………………（137）
参考文献 ………………………………………………………………………………（138）
附　录 …………………………………………………………………………………（145）

1 绪 论

1.1 海门口遗址的考古价值

1.1.1 海门口遗址基本情况

海门口遗址位于云南省大理白族自治州剑川县甸南镇海门口村西北约 1 km 处，距剑川县城约 8 km，在剑湖西南部出水口海尾河西北岸。其 GPS 坐标为东经 99°33′~100°33′，北纬 26°12′~26°41′。如图 1-1 所示，内圈小椭圆形内即遗址发掘位置，外圈大椭圆形内为遗址大概探明范围。

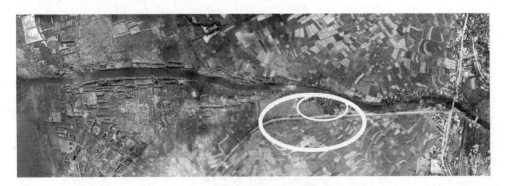

图 1-1 海门口遗址航拍图

1957 年 3 月，工人在疏浚海尾河、拓宽河道的施工中意外地挖到了大量木桩，大批石器、陶器，以及少量铜器，开始确立了海门口遗址在中国新石器时代和青铜器时代的考古价值。1978 年 4 月，云南省文化局组织人员对海门口进行了第二次考古发掘。由于种种原因，发掘工作没有取得预期效果。随着对海门口遗址研究工作的不断深入，学术界认为该遗址还存在着许多前两次发掘没有解决的问题，遗址还没有展现出其真正的价值。国家文物局于2007年12月批准了对海门口遗址的第三次考古发掘，此次考古发掘由云南省文物考古研究所负责，并和大理白族自治州及剑川县民族博物馆组成联合考古队，于2008年1月8日起正式开始发掘，至5月25日发掘工作结束，共用时125天。此次考古发掘共发掘25个5 m×10 m探坑，3个5 m×5 m探坑，7个5 m×2 m探坑，完成发掘面积1 395 m²。具体参见图1-2 海门口遗址探坑分布示意图[1]。

3次考古发掘均发现了大面积的木构建筑遗存以及极为丰富的陶器、铜器、石器、铁器等文物。根据遗址的堆积状况和出土遗物的基本特征，结合出土木桩^{14}C年代测定，考古人员推断：海门口遗址建成年代距今约5 300年~2 500年，属新石器时代至青铜时代的聚落遗址[2]，这引起了国内外考古学界的高度重视。

海门口遗址被认为是目前发现的中国境内最大的水滨木构"干栏式建筑聚落遗址"，在全世界范围内也极为罕见，为研究中国史前的聚落类型提供了宝贵的实例。该遗址所反映的历史信息涉及农、林、牧、副、渔及上层建筑领域的诸多方面，对研究云南社会发展史及民族史具有十分重要的意义。该遗址被评为"2008年全国十大考古发现"之一。

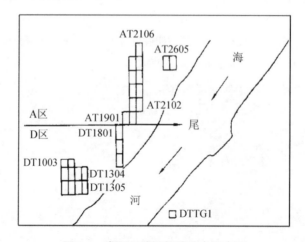

图1-2　海门口遗址探坑分布示意图

剑川县海门口遗址的文化层堆积清晰，文化遗存丰富，并且延续时间较长。其年代从新石器时代晚期至青铜器时代，大体可分出早、中、晚三个时期。其中早期属于新石器时代晚期；中期属于青铜时代早期；晚期属于青铜时代中晚期。该遗址提供了滇西洱海地区古代文化的标准地层，填补了我国西南地区考古年代学的空白。

1.1.2 海门口遗址木质文物

海门口遗址已发掘的探坑中，基本都有大量木桩和少量横木(图1-3)，共清理出4 000多根。目前，绝大部分学者认为大部分木桩为房子的基础，但由于早晚关系等因素，木桩变得密集，无法辨认出它们各自的单位。木桩头出露的层位不一，木桩底部在地层中也有高有低。木桩的底部绝大部分被砍削成钝尖状；其身上大多有人工加工的痕迹(图1-4)；长度从几十厘米到2 m多不等，直径5~40 cm；其端面有圆形、三角形、矩形、不规则形状等。木桩间有少量掉落的横木；在一些横木和木桩上发现了凿出的榫槽和榫头，以及连接在一起的榫卯构件；还在木桩间发现了木门转轴和门销等木构件。

图1-3 海门口遗址发掘现场的木桩和横木

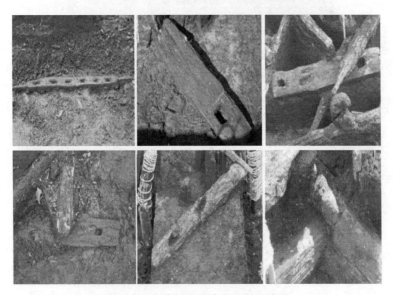

图1-4 木质文物上的人工加工痕迹

对第三次发掘的区域，除个别探坑进行回填外，其余探坑均用木桩加固了探坑坑壁。由于发掘遗址濒临海尾河且地势低洼，每年2—8月雨季时，探坑内都会积水，将发掘露出的木桩浸泡在水中，如图1-5(a)所示；干旱季节时，探坑中水位降低，部分木桩又裸露在外经受风吹日晒，如图1-5(b)所示。反复的浸水日晒造成了木桩的开裂破损。截至本项目启动前，海门口遗址木质文物的现状是：浸泡木构部件的水质混浊，细菌及藻类大量繁衍；大部分木桩的质地已十分松软（图1-6），少部分甚至已断裂且漂浮在水面上，需要对其进行及时的加固处理。

（a）7月雨季时的探坑　　　　　　（b）1月旱季时的探坑

图1-5　海门口遗址木质文物在不同季节的保存状况

图1-6　严重降解的木质文物

1.2　饱水木质文物加固保护的国内外研究现状

我国是一个历史悠久、文化灿烂的国家，具有丰富的文物资源。其中木质文物更具特色，在世界上独树一帜。在木质文物保护方面，我国学者陆续开展了一些实用性的科学实验工作，对木质文物的保护起到一定作用。但目前关于木质文物的加固保护多是一些实用性研究，理论分析较少，这样不利于木质文物保护的进一步发展。

木质文物保护是一个多学科(包括考古学、木材学、生物学、化学、物理学等学科)交叉、专业性很强的工作，主要包括三个方面的研究：木质文物基本性质(劣化程度)、劣化机理、加固保护方法。其中，木质文物基本性质研究着重于比较同一材种木质文物与现代健康木材性质的异同，为木质文物的劣化机理分析和加固保护提供参考依据。木质文物基本性质及劣化机理的研究最终是为其加固保护提供理论和实践上的参考依据。

1.2.1 饱水木质文物基本性质国内外研究现状

木质文物基本性质研究包括木质文物的物理力学性质、化学成分分析、微观构造分析等。木质文物的基本性质研究是对木质文物实施有效保护的前提。对古木物理力学性质和化学成分的分析可为保护技术提供重要参考依据。木质文物材种鉴定对今人了解古代植物群落及人类早期活动和木文化的关系均有重要意义。

1.2.1.1 物理力学性质

木质文物的最大含水率和基本密度是用来表征古木保存状态和降解程度的两个重要的物理指标，被多数相关学者所接受。多糖类物质的降解提高了木质文物的亲水性，增加了木材的孔隙，导致出土古木最大含水率提高、基本密度和力学强度降低。

通常情况下，最大含水率可以直接表征木器的腐朽程度，最大含水率越高，表明木器受到的腐蚀越严重。基本密度也是表征饱水木质文物腐蚀程度的重要参数之一。同一树种饱水古木与现代木材相比，饱水古木基本密度越低，腐蚀程度越高，在保护过程中收缩、坍塌趋势也更严重[3]。

严重降解的饱水木质文物的干缩湿胀规律以及纤维饱和点与现代健康材不完全相同。已有研究发现：高度降解的饱水古木含水率降到300%以下时便开始收缩，含水率降到200%时收缩变形已十分严重；饱水古木干缩后会严重收缩变形，如果再重新吸水，润胀后的尺寸仍然和原来有差距，并且古木降解越严重，这个差距越大[4]。

1.2.1.2 化学成分分析

木质文物化学成分分析常采用以下几种手段：

(1)常规化学成分分析法

常规化学成分分析法是指采用相关国家标准进行综纤维素、木质素和抽提物等木材化学成分的测定。人们常用木质文物中综纤维素含量来表征古木降解程度。因为根据以往对饱水古木化学成分的研究分析，纤维素和半纤维素很容易被各种微生物分解，而木质素难以被微生物分解。这主要是因为对天然木质素具有较强分解能力的微生物是白腐菌，白腐菌属需氧真菌，在地下缺氧的环境中难以生存繁殖。另外，多糖类物质在酸的作用下易发生水解，而木质素在酸性环境下抗水解能力要比多糖类物质强。埋藏于地下的古木，随着降解程度的增大，综纤维素的含量逐渐降低。因此，综纤维素的相对含量能够反映古木的降解程度[5-9]。但 Adya P. Singh 通过对埋藏在淹水土壤里 1 400 年的木佛塔的腐朽机制的研究发现，饱水古木的腐朽模式主要是细菌腐朽，而且胞间层被严重破坏[10]。而胞间层正是细胞壁中木质素相对含量最高的地方。因此，用化学成分含量表征木质文物腐朽程度，需结合古木的腐朽机制，针对不同的腐朽菌种，采用一种或多种不同的化学成分进行表征，这样才更加科学合理。

(2) 红外光谱官能团分析法

红外光谱官能团分析法是指采用傅里叶红外光谱(Fourier transform infrared, FTIR)仪分析木质文物中各官能团。通过对比木质文物及同种现代健康材官能团种类及数量的变化，分析木质文物的降解程度和降解机理。

(3) 电镜能谱仪元素分析法

电镜能谱仪元素分析法是指利用扫描电子显微镜(scanning electron microscope, SEM)或透射电子显微镜(transmission electron microscope, TEM)附属配套的能谱仪，对木质文物微观区域元素分布进行定性和定量分析。通过元素分析可以推测木质文物的淹埋环境，还可以为加固方法的选择提供参考依据。例如：木质文物相对于现代健康材铁元素含量过高，则有可能是木质文物中单宁类、酚类等化合物与周围环境的铁离子形成了络合物。对于这样的古木，不适宜用聚乙二醇(PEG)或者是糖类加固保护。并且这些络合物可能是木质文物颜色加深的主要原因之一[11]。

1.2.1.3 微观构造分析

饱水木质文物的微观构造也可以作为腐朽机制和腐朽程度的重要参考依据。木材细胞壁各层的化学成分不同，次生壁纤维素和半纤维素的含量相对较高，复合胞间层木质素的含量相对较高。而在不同的环境中，不同的菌种使木材降解产生的化学成分各不相同。在饱水缺氧的环境中的古木多是纤维素和半纤维素被分解，木质素相对稳定。这时，古木遭受破坏的多是次生壁，复合胞间层保存相对完整。如果饱水古木的复合胞间层和次生壁都遭到降解，则有可能古木在被淹埋前或出土后遭到了白腐菌等需氧真菌的降解[12]。

1.2.2 饱水木质文物腐朽机制国内外研究现状

微生物降解和土壤酸碱水解是古木降解的两个主要原因[13]。目前,许多学者对木材的腐朽与防腐进行了大量的研究,但主要是针对现代木材应用进行的研究。对木质文物腐朽机制的研究相对较少。国外学者对古木腐朽机制的探索相对较多,并且逐渐意识到木材腐朽机制在木质文物保护中的重要作用[14]。

对于现代木材腐朽来说,一般认为真菌腐朽是导致木材损坏最严重的一种方式[15-16]。木材的腐朽机制主要取决于它们周围的环境。饱水木质文物一般被埋藏在地下或被淹埋在泥沙、湖底、海水中。国外的一些学者通过研究饱水木质文物(如沉船、沉在水中的原木等),发现在缺氧或只能提供少量氧气的水淹环境中,饱水古木的腐朽机制与一般木材腐朽机制不同。并且,不同环境的饱水古木腐朽机制也不尽相同[17-19]。

韩国全南国立大学教授 Yoon Soo KIM 和新西兰森林研究所高级研究员 Adya P. Singh 对古木的腐朽机制做了大量的研究。他们通过研究不同淹埋环境中的饱水古木腐朽机制,发现在水淹环境中的古木主要是被软腐真菌(soft rot fungi)、腐蚀细菌和隧道细菌(erosion and tunneling bacteria)降解[20]。实验表明:在缺氧或只能提供少量氧气的环境中,如在深泥土中、海中、深水中,木材首先被细菌腐蚀,然后被软腐真菌腐蚀[21-23]。在某些情况下细菌发挥了更加重要的作用,甚至有些腐朽的古木中只有细菌腐朽[24-27]。

古木腐朽机制研究是对木质文物实施保护的有效前提;揭示了古时有哪些细菌群落[28-30]。

1.2.3 饱水木质文物加固保护国内外研究现状

木质文物的加固保护最常用的方法是渗透加固法,大致上可以分为两类:一类是聚合物渗透填充法,即把某种物质(通常是高分子聚合物)溶解后渗透到古木细胞壁内部,待溶剂挥发后,聚合物即可起到加固作用;另一类是单体渗透聚合填充法,即采用单体渗透,然后再用适当的方法引发单体聚合,从而起到加固作用[31]。常见的引发聚合的方法有热聚合、辐射聚合等。

1.2.3.1 聚合物渗透法

采用聚合物渗透填充法进行木质文物加固保护时,可选用的材料包括糖类、天然树脂、油类、蜂蜡、石蜡等[32]。

目前,最常用的填充材料是PEG。PEG是一种既溶于水又溶于有机溶剂的高分子材料,性能稳定,常温条件下难挥发,不易燃,是比较理想的木材填充材料[33]。在PEG分子和水分子的相向扩散过程中,因为PEG分子尺寸大于水分子，所以木器中的水分子脱离器物容易，而 PEG 分子进入木质内部相对困难，从而就有可能造成腐朽古木的收缩。针对这种情况，PEG 加固一般采用分段式处理，即先选用低分子量的 PEG 进行渗透，再逐渐改用分子量较大的 PEG。但 PEG 分子量越小，稳定性越差，当分子量小于 500 时，PEG 呈液态，不利于文物的长久保存。针对 PEG 填充加固的以上缺点，各国的学者采用不同的方法对其做了改进。国外学者最早提出了根据木质文物的不同腐朽程度渗透填充不同分子量的 PEG。Per Hoffmann 采用两步处理法，用 PEG 200 和 PEG 3 000 对饱水古木进行加固处理。通过透射电镜观察发现：所有类型的腐朽组织细胞都被 PEG 3 000 填充，没有腐朽的细胞组织被 PEG 200 填充[34]。李昶根等采用分子量为 400 和 4 000 的 2 种 PEG 对饱水古木进行加固处理。用 PEG 400 修复腐朽较轻的部位，用 PEG 4 000 修复腐朽较重的部位。小样品实验得到了比较理想的结果[35]。

蔗糖也是一种很好的饱水古木加固材料。它可以提高古木的强度及尺寸稳定性；用它处理后的古木仍能保持自身颜色；同时它还具有很强的耐腐性能，而且无毒、无腐蚀性、易溶于水、不挥发、廉价易得；另外已经渗入古木内部的蔗糖可以用水重新溶解出来，实现加固的可逆性。蔗糖的自然存在非常广泛，能够进行光合作用的植物中都有蔗糖的存在。用蔗糖对木质文物进行加固保护具有很多年的历史，1903 年就有德国学者采用蔗糖对古木进行加固，取得了很好的效果。蔗糖属低聚糖，其分子体量与 PEG 400 相近，很容易渗透到古木内部。以往的研究通常认为，渗入古木内部的蔗糖可以和木材中的多糖类物质（纤维素、半纤维素等）形成氢键，在加固的同时提高了古木的结晶度[36]。

1.2.3.2　单体渗透聚合填充法

单体渗透聚合填充法的原理是单体渗透到木质文物内部后，单体自身发生聚合反应或单体与木材中化学成分发生反应，以起到加固的效果。已经应用于饱水木质文物加固的单体渗透聚合填充法常见的材料有以下几种：

三聚氰胺甲醛（melamine-formaldehyde，MF）树脂又称密胺树脂，使用 MF 树脂加固古木的方法被称为"Kauramin 法"。使用 Kauramin 法加固的饱水古木强度高、稳定性好、甲醛含量低，且能保持古木原来的外观颜色。有国外学者描述了 Kauramin 法的反应机理，认为 MF 渗入木材内部后，其自身会发生各种缩聚反应，同时它也可以与木质文物的多羟基化合物（纤维素、半纤维素等）发生各种反应，生成极为复杂的聚合物[37]。但是王晓琪通过 FTIR 法、差示扫描量热法（DSC）以及微观组织构造观察法等方法，对 Kauramin 法的加固机理进行分析，认为 MF 树脂和木质文物化学成分之间没有发生化学反应，只是形成了大量的氢键。MF 树脂在木材内部自身形成了高交联度的三维网络结构，通过氢键联结，与整个木材形成牢固的体系[38]。

王丽琴先用乙醇-乙醚联浸法对饱水古木进行脱水，再用甲基丙烯酸甲酯单体渗透浸泡饱水古木，最后加入偶氮二异丁腈引发剂，将温度升至55~60 ℃进行聚合加固。实验表明：加固后的古木力学强度明显提高，且没有开裂变形现象，基本保持脱水前的原貌[39]。

赵红英对信阳长台关出土的棺木进行加固保护时，先将 PEG 200-双甲基丙烯酸酯(PEG-200DMA)单体浸入饱水棺木，然后用 $^{60}Co\ \gamma$ 射线辐射棺木引发单体聚合。结果表明：加固后的棺木外观颜色接近原物，无翘曲开裂，顺纹抗压强度接近现代健康材，尺寸稳定性好[40]。

另外，可以通过聚合反应对木质文物起到加固作用的材料还有各类甲醛树脂[酚醛(PF)树脂、脲醛(MF)树脂等]、苯乙烯(SM)、不饱和聚酯(UP)和乙二醛等。

1.2.3.3 木质文物加固机理分析

木质文物加固机理分析对于深层次认识古木加固原理以及加固方法的优化和改进，都具有十分重要的意义。木质文物加固机理分析常采用的手段包括：FTIR 分析、DSC、核磁共振分析、SEM 和 TEM 微观构造分析等。

国外学者 Roger M. Rowell 从理论上分析了决定木质文物强度特性因素的三个层次：宏观级(纤维)、微观级(细胞壁)和分子级(聚合物)[41]。在宏观级，木质文物强度的损失是干缩裂缝、脱层及虫蛀孔道等因素造成的尺寸相对较大的破坏。在微观级，木材强度的损失是由生物腐朽及其他因素引起的细胞壁破坏。针对微观级破坏，可通过聚合物渗透填充法，填充木材细胞壁内被破坏形成的微观孔隙，即渗入某种能滞留在细胞壁上的固体物质，于细胞壁中加固。针对木质文物不同的腐朽程度及细胞壁不同的劣化程度，采用不同分子量的高分子聚合物，对木质文物进行加固保护。在分子级，木材强度的损失是纤维素分子链的降解断裂、半纤维素和木质素分子的降解，以及细胞壁聚合物之间氢键弱化导致的结果。针对分子级的破坏，可采用化学试剂渗透聚合填充法。针对不同的腐朽机制及木材细胞壁中残留的不同种类的聚合物，采用不同的化学试剂进行渗透聚合，对木质文物进行加固保护。

1.2.4 饱水木质文物脱水干燥国内外研究现状

饱水木质文物由于细胞壁遭到降解破坏，很容易在干燥过程中受应力破坏而干缩变形。因此，饱水木质文物通常采用应力较小的干燥方法。应用于饱水木质文物的干燥方法主要有：冷冻干燥法、超临界流体干燥法和自然干燥法等。应针对不同的加固方法采用不同的干燥方法。其中，冷冻干燥法和溶剂置换法在木质文物加固保护的实践中已经得到广泛的应用。

1.2.4.1 冷冻干燥法

冷冻干燥法是干燥成本相对较低的低应力干燥法。对于大件饱水木质文物，可以利用北方冬季自然的低温气候，采用室外冷冻干燥法进行干燥处理。室外冷冻干燥法无须专门的设备，成本低，可以用来处理大件器物，且处理量大。有学者用室外冷冻干燥法处理了一艘距今1 000年出土于上海古沙滩的木船，以及出土于绿铜山古铜矿的饱水古木，取得了较好的效果[42]。

室外冷冻干燥法的缺点是受地区和季节的限制。针对这个缺点，国外学者做了关于饱水木质文物PEG冷冻干燥过程中传热传质等的理论研究。Poul Jensen等对PEG冷冻干燥饱水木质文物建立了数学模型，能准确预测饱水木质文物和PEG的冷冻干燥过程[43]。Ulrich Schnell等通过一系列的实验来研究PEG浸渍饱水木质文物的最大冷冻干燥温度，使冷冻干燥过程所需的时间最短、能量最少[44]。

真空冷冻干燥法是在冷冻干燥法的基础上发展而来的。其原理是先将待处理的木质文物中的水分冷冻成冰，然后在适当的真空度下，将冰直接升华为水蒸气[45]。真空冷冻干燥法的优点是时间短，干燥后的器物可基本保持原来的形状。缺点是须使用专门的设备，设备投资大，有能源损耗，且对木质文物的体积及形状有限制。志丹苑元代水闸遗址出土的饱水古木，长约4 m，直径0.2～0.35 m。古木芯部平均含水率约为60%～100%，边部平均含水率为200%～400%。经PEG 4 000加固后，再进行真空冷冻干燥。古木最大纵向干缩率为0.09%，最大横向干缩率为1.5%。干燥后的古木通体无开裂[46]。

1.2.4.2 超临界流体干燥法

超临界流体干燥法是利用气体在临界温度之上不会液化的特性，控制饱水文物内部的液体在临界点之上，从而使文物在无液相表面张力的情况下进行干燥。这种技术不但能消除干燥应力，缩短处理周期，提高脱水效率，而且能在干燥的同时完成杀菌[47]。Barry Kaye首先将超临界流体技术应用于饱水木质文物干燥中[48]。近年来，国内也有不少学者把超临界干燥技术应用于饱水木质文物干燥中[49-50]。由于成本较高及设备的限制，超临界流体干燥法只适合小体积饱水木质文物的干燥。目前，较大的工业级超临界干燥设备样品腔的容积也仅有20 L[51]。随着超临界流体技术的发展，实现大体积木质文物的处理，是该技术未来的发展方向。

1.2.4.3 自然干燥法

自然干燥法适用于降解程度较轻或已经过填充加固处理的饱水木质文物。在我国没有寒冷冬季的南方，对尺寸较大的木质文物进行加固干燥时，通常会采用自然干燥法。对于已经严重降解的饱水古木，虽然经过了加固试剂浸渍加固，但如果任其自然脱水干燥，仍可能导致古木的开裂变形。因此，通常会采用一些干预手段来减缓使用自然干燥法时古木内水分的迁出速度。张立明等将2个饱水的西汉漆耳杯消毒后用棉布包裹，埋入干燥的细沙中，置于地下阴凉干燥处，定期更换包裹用棉布，干燥时间为450 d。干燥后的漆耳杯尺寸略有收缩，但器形无变化，色泽光亮[52]。

1.3 研究的主要内容

1.3.1 海门口遗址饱水古木树种鉴定

项目组在海门口遗址采集了12个探坑内的528块古木样本，探究了适宜的古木切片包埋工艺条件，并对样本进行了树种鉴定。

1.3.2 海门口遗址饱水木质文物降解评价及降解机理分析

项目组从海门口遗址的10个探坑中共采集144根饱水古木，先对饱水古木进行降解程度评价和降解机理分析，然后分别用天然树脂法、壳聚糖法和酚醛树脂法对其进行加固。

通过以下指标对海门口遗址饱水木质文物进行降解评价：(1)基本密度、最大含水率和绝干孔隙；(2)饱和至绝干干缩率(径向和弦向)、绝干至饱和湿胀率(径向和弦向)；(3)顺纹抗压强度；(4)疏水性(表面接触角)。

通过以下手段对降解机理进行分析：(1)化学成分(苯醇抽出物、1%NaOH抽出物、酸不溶木素、综纤维素、多戊糖)分析；(2)SEM及TEM微观构造分析；(3)结晶度及晶区尺寸分析；(4)FTIR谱图；(5)固体核磁共振。

1.3.3 海门口遗址饱水木质文物加固机理分析

加固完成后，分别对3种加固方法进行加固效果评价和加固机理分析。

1.3.3.1 天然树脂加固法

用氢化松香和漂白紫胶对62根饱水古木进行加固。

通过以下指标对天然树脂加固法的古木加固效果进行评价：(1)加固干缩率；(2)脱水干缩率；(3)估算载药量；(4)最大含水率和基本密度；(5)干缩湿胀规律；(6)顺纹抗压强度；(7)疏水性(表面接触角)；(8)耐菌腐性能；(9)抗流失性能。

通过以下手段对天然树脂加固法的古木加固机理进行分析：(1)结晶度及晶区尺寸分析；(2)SEM微观构造分析；(3)FTIR谱图。

1.3.3.2 壳聚糖加固法

用壳聚糖对21根饱水古木进行加固。

通过以下指标对壳聚糖加固法的古木加固效果进行评价：（1）加固干缩率；（2）估算载药量；（3）最大含水率和基本密度；（4）干缩湿胀规律；（5）顺纹抗压强度；（6）疏水性(表面接触角)；（7）耐菌腐性能；（8）抗流失性能。

通过以下手段对加固古木的加固机理进行分析：（1）结晶度及晶区尺寸分析；（2）SEM微观构造分析；（3）FTIR谱图。

1.3.3.3 酚醛树脂加固法

用酚醛树脂对60根饱水古木进行加固。

通过以下指标对酚醛树脂加固法的古木加固效果进行评价：（1）加固干缩率；（2）估算载药量；（3）最大含水率和基本密度；（4）干缩湿胀规律；（5）顺纹抗压强度；（6）疏水性(表面接触角)；（7）抗流失性能；（8）甲醛释放量。

通过以下手段分析加固古木的加固机理：（1）结晶度及晶区尺寸分析；（2）SEM微观构造分析；（3）荧光显微镜分析；（4）FTIR谱图。

2 古木切片制作前期包埋条件探究

2.1 引 言

鉴于古木在地下埋藏时间久远，从宏观特征上无法获得如新材树种的纹理、密度和材色等特征，由此对古木进行的树种鉴定分析将完全依靠微观解剖学的判定。由此可知，古木永久切片的制作是本实验的重要内容。一方面，由于木材年代久远，若不对其进行包埋处理，在切片的三切面制作过程中如木材破损严重，将为后期的固封、观察带来更多不便。另一方面，对包埋试剂的选取遵从可还原恢复原则，避免后期包埋试剂残留对制作、观察永久切片产生一定影响。

根据 PEG 所具有的优良特性，将其广泛用于考古木材的加固研究，选取其作为本实验的包埋试剂，综合考虑不同聚合度的 PEG 熔点相异，为避免温度过低导致聚合度高的 PEG 无法完全处于熔融状态而影响其在古木中的渗透性，也为防止温度过高使 PEG 这一醇类物质发生改性，因此选取恒定 60 ℃作为实验温度条件。

2.2 实验材料

2.2.1 主要实验试剂

蒸馏水；不同聚合度的 PEG：PEG 1 000、PEG 1 500、PEG 2 000、PEG 4 000。

2.2.2 实验样品

样品选自大理剑川海门口遗址出土的古木，古木颜色较深，经测定可知其平均饱和含水率约为600%。在实地取样过程中，为防止发生古木由于迅速大量失水而导致的内部细胞变形、外部表面开裂的现象，待取样后随即用密封袋将其封装送至实验室。先用细软毛刷清洗古木表面淤泥、苔藓等污物，随后将样品浸泡在3%的甲醛溶液中完成杀菌处理，制成实验试件。

2.3　实验仪器

干燥箱，真空干燥箱，木材微观抗切力测试仪器(图2-1)。

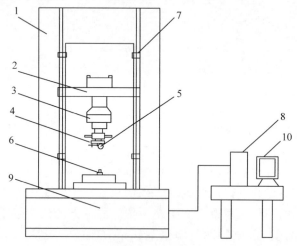

1—支架；2—横梁；3—压力传感器；4—夹持器；5—样品试件；6—刀片；
7—上下限位开关；8—微机控制装置；9—底座；10—显示装置。

图2-1　木材微观抗切力测试仪器

2.4　实验方法

先将古木试件制成10 mm×10 mm×10 mm规格的正方体小木块，然后在不同聚合度PEG、不同负压次数、不同恒温时间、不同渗透浓度条件下包埋制成的古木试件，静置冷却后置于木材微观切片软化效果测试仪器上进行抗切力强度(P_{cr})测定。

本实验的目的是利用抗切力强度测试仪器，根据抗切力的大小评判木材包埋条件对木材包埋加固程度的影响，研究确定最优包埋工艺。

(1)首先，将准备好的实验试件进行不同条件下的包埋处理。然后，将处理好的样品置于图2-1中试件5的位置，利用夹持器4对其加以固定。

(2)手动调节试件5同刀片6的垂直距离，使刀片6居于试件5中心线位置，并互相接触，初始的力大小为 0 N。

（3）开启微机控制装置 8，夹持器 4 牵引带动试件 5 以 60 mm/min 的速度向下移动，使得刀片 6 垂直切入试件 5，当二者相对位移达到 2.3 mm 时实验终止。在显示装置 10 上观察，选取相对位移在 1.0 mm、1.5 mm、2.0 mm 的压力值，根据公式 $P_{cr}=F/L$ 算出抗切力强度值。其中，F 为压力，单位为 N；L 为刀刃与试件的接触长度，单位为 mm；P_{cr} 为抗切力强度，单位为 N/mm。

2.5 实验结果

2.5.1 不同聚合度 PEG 对包埋后古木 P_{cr} 的影响

图 2-2 为未做 PEG 加固处理及不同聚合度下包埋处理后的古木 P_{cr} 的对比。由图 2-2 可知，随着 PEG 聚合度的增大，包埋加固后的待微观切片试件在相同位移处 P_{cr} 呈明显的升高趋势。

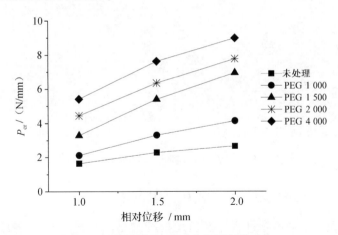

图 2-2　不同聚合度 PEG 包埋后的古木 P_{cr}

图 2-3(a)~(d)分别为利用 PEG 1 000、PEG 1 500、PEG 2 000、PEG 4 000 包埋后的古木在滑走式切片机上切下的 25 μm 的薄片示意图。可以看出，PEG 1 000 包埋后的古木的 P_{cr} 并没有达到预期的效果，无法在切削古木的过程中起到支撑木材细胞结构的作用，切片细胞纤维十分毛糙、破碎严重，无法正常制片。PEG 1 500 包埋后的古木切削下的临时横切面切片结构完整清晰，已达到预期制片要求。PEG 2 000 包埋后的古木切削下的临时横切面在迅速切下后发生卷曲，尽管浸于水中后可舒展成原来的切片模样，但仍会有部分结构受到影响而不完整。从 PEG 4 000 包埋后的古木切削下的临时横切面可看出，切片不仅发生严重卷曲，而且破碎成粉末状，无法进行微观切片制作，且无法观察其

解剖学特征。

因包埋加固古木试件的目的是提高其 P_{cr} 度以利于切削制作永久封片,但随着强度值增大,加固试件的脆性也随之增强,脆性过高对切片完整度有负面影响。因此,综合图 2-2 和图 2-3 所示内容,选取 PEG 1 500 作为最适切片包埋古木的试剂。

(a) PEG 1 000 包埋的古木切片

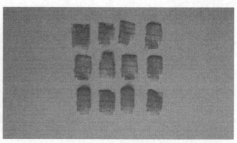

(b) PEG 1 500 包埋的古木切片

(c) PEG 2 000 包埋的古木切片

(d) PEG 4 000 包埋的古木切片

图 2-3　不同聚合度 PEG 包埋后的古木切片

2.5.2　负压次数对包埋后古木 P_{cr} 的影响

在加热条件下对古木进行分次负压处理的目的是提高 PEG 溶液的渗透力。即使古木腐朽严重,部分结构呈筛孔状,但 PEG 溶液未必能渗透到古木方块的内部从而起到完全的支撑作用。因此,需要借助负压的载荷将溶液输送到木材芯部。在包埋过程中,将古木试件始终完全浸泡于加热的 PEG 1 500 溶液中分次负压,负压条件为 -1 MPa,一次负压时间为 5 min。如图 2-4 所示,负压 0~4 次过程中,随负压次数的增加,包埋后的古木 P_{cr} 有了明显的提高。在相对位移 1 mm 处的古木 P_{cr},负压 4 次到负压 0 次相差仅为 0.52 N/mm。可知:在古木表面的 PEG 溶液渗透附着程度差异不显著。但在相对位移 1.5 mm 处的古木 P_{cr},负压 0 次到负压 2 次差值较大,为 1.35 N/mm;负压 2 次到负压 4 次差值为 0.45 N/mm;负压 3 次到负压 4 次差值仅为 0.05 N/mm。可知:在负压 3 次后,刀片垂直进入古木 1.5 mm 处的 P_{cr} 基本相近,无显著差异。在相对位移

2 mm 处，负压 3 次到负压 4 次差值也仅为 0.1 N/mm。因此，为实际操作考虑，负压 3 次即可达到 PEG 溶液在古木内的基本渗透需要。

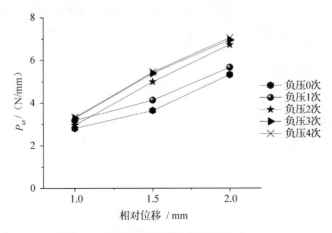

图 2-4　不同负压次数包埋后的古木 P_{cr}

2.5.3　恒温时间对包埋后古木 P_{cr} 的影响

为提高 PEG 溶液在古木中的渗透性，除改良负压工艺外，还需探究在 PEG 1 500 溶液内、60 ℃恒温条件下放置古木试件的时间长短对其的影响。

如图 2-5 所示，分别选取 4 h、8 h、16 h 和 24 h 作为古木浸渍于 PEG 溶液中的恒温时间，来探究其对包埋后的古木 P_{cr} 的影响。研究发现：随时间延长，包埋后的古木 P_{cr} 有了明显的提高，说明随时间延长 PEG 1 500 溶液渗透进入古木的程度加深。从恒温时间 4 h 到 16 h 的抗 P_{cr}，可以发现：在刀片切入古木块内部相对位移 2.0 mm 处较之相对位移 1 mm、1.5 mm 处有明显的提高。对比恒

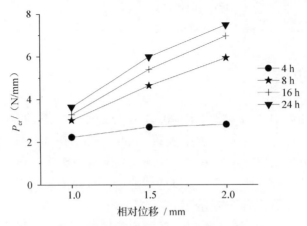

图 2-5　不同恒温时间包埋后的古木 P_{cr}

温 16 h 和 24 h 可知,在相对位移 1 mm、1.5 mm、2 mm 处的 P_{cr} 分别差 0.35 N/mm、0.59 N/mm、0.52 N/mm,2 个恒温时间下相同位置的 P_{cr} 已非常接近,说明渗透性在 16 h 后趋于平稳。为减小实验能耗及节约实验时间,选取 16 h 的恒温时间为最佳。

2.5.4 逐级渗透浓度对包埋后古木 P_{cr} 的影响

如图 2-6 所示,为逐级渗透浓度对包埋古木 P_{cr} 的影响。根据醇类物质的特征可知:为提高古木内部的 P_{cr},采用不同浓度的 PEG 1 500 溶液逐级渗透。条件一为仅在 PEG 1 500 浓度为 100%的溶液中进行浸渍 16 h;条件二为先将古木浸于浓度 50%的 PEG 1 500 溶液中 16 h,然后放置在浓度为 100%的 PEG 1 500 溶液中 16 h;条件三区别于条件二在 50%~100%之间添加一步 75%浓度的 PEG 1 500 溶液浸渍 16 h。结果显示:在条件二和条件三中可发现古木 P_{cr} 在相对位移 1.5 mm 及 2.0 mm 处有了明显的提高,并且效果十分接近。为节约实验资源和时间,可认为条件二已满足提高包埋后的古木 P_{cr} 的需要。

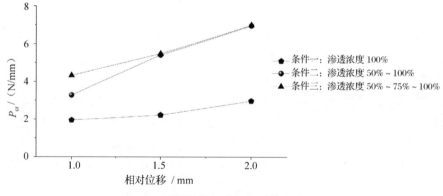

图 2-6 逐级渗透浓度包埋后的古木 P_{cr}

2.6 本章小结

本实验以 PEG 1 000、PEG 1 500、PEG 2 000、PEG 4 000 不同聚合度的 PEG 溶液;0、1、2、3、4 的负压次数;4 h、8 h、16 h、24 h 的恒温时间;100%、50%~100%、50%~75%~100%的逐级渗透浓度为变量,研究包埋加固后的古木抗切力强度大小,探究可以达到的最优包埋工艺过程,为后期制作永久切片、观察古木微观解剖构造提供良好的条件。

(1)古木浸渍于不同聚合度 PEG 溶液中包埋加固处理,尽管随着包埋古木的 PEG 聚合度的增大,加固后的古木的 P_{cr} 增加。PEG 1 500 处理后的古木在切片制作过程中，三切面结构更为完整，较之 PEG 1 000 未能起到支撑腐朽古木细胞基础骨架的作用以及随聚合度的增大在 PEG 2 000、PEG 4 000 中发生的脆性增强现象，包埋效果更为理想。

（2）随包埋加固处理过程中负压次数的增加、恒温时间的延长、逐级渗透浓度梯度的渐进，古木的 P_{cr} 随之出现不同程度的增大。经筛选，在负压 3 次、恒温 16 h、逐级渗透梯度为 50%~100% 的条件下，排除可能的误差，根据资源利用最优原则减小相对能耗综合分析后，确定此条件为最优工艺条件，能使古木包埋加固后的 P_{cr} 满足微观切片观察的需要。

3 海门口遗址饱水木质文物树种鉴定分析

3.1 实验材料

3.1.1 主要实验试剂

藏红T、50%、75%、85%、95%、100%乙醇、二甲苯、中性树胶，等等。

3.1.2 实验样品

古木在负压3次，恒温16h，逐级渗透梯度为50%~100%，经过PEG 1 500包埋。

3.2 实验仪器

徕卡2000R滑走式切片机、尼康80i生物数码显微镜、培养皿、载玻片、盖玻片、滴管、软毛毛笔。

3.3 实验方法

3.3.1 切片制作

（1）利用滑走式切片机将10 mm×10 mm×10 mm已包埋完成的古木试件三切面切成25 μm厚的薄片，置于水中，以便将古木薄片上的PEG 1 500溶解在水中，避免制片过程中此醇类物质对后期切片观察产生影响。

（2）清洗浸于培养皿中的三切面薄片，利用软毛毛笔将一组三切面薄片放置于同一个全新洁净的载玻片上，顺序依次为横、径、弦3个切面。

（3）普通新材制片脱水、透明过程均在培养皿中进行。古木腐朽严重极易破损，应避免多次移动古木切片带来的再次破坏。将配好的50%、75%、85%、95%、100%的乙醇溶液，利用滴管一次性滴至载玻片的古木薄片上，每级脱水时间不少于3 min。充分干燥后，滴加二甲苯进行透明，静置一段时间后施中性树胶在切片样本表面，再加盖盖玻片，完成基本切片制作过程。

3.3.2 切片观察

将制作完成的528个古木永久封片样本置于尼康80i生物数码显微镜下进行拍照观察，每个编号样本横、径、弦三切面分别拍摄5~10张特征照片。放大倍数观察依据不同切面特征[53]进行选取。其中，以横切面4×、10×，径切面10×、20×、40×，弦切面10×、20×为所需基础放大倍数进行拍照。对于特殊部位的详细比对也按照个别需要进行特征分析记录。

3.4 识别分析过程

对海门口遗址内12个探坑出土的528块木材切片标本的三切面分别进行拍照、对比观察。

3.4.1 松属木材

3.4.1.1 直观分析

如图3-1所示，为首先观察到的一种针叶材三切面解剖学示意图。根据所得到的图片，检索现有针叶树材的微观解剖学资料，推断出该树种属于松科（Pinaceae）松属（*Pinus*）木材，较为接近云南松和思茅松的微观结构，因云南松与思茅松的微观结构十分相近，所以对二者进行较为详尽的对比分析。

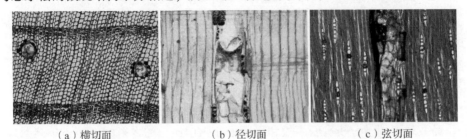

（a）横切面　　　　　（b）径切面　　　　　（c）弦切面

图3-1　针叶材古木的三切面

3.4.1.2 云南松与思茅松解剖学特征对比分析

云南松(*Pinus yunnanensis*)与思茅松(*Pinus kesiya*)现有微观结构参考分析如下：

表 3-1 所列为云南松和思茅松在微观解剖学横切面上的对比分析。

表 3-1 云南松与思茅松横切面解剖学特征对比

木材名称	生长轮	早材至晚材急变/缓变	管胞弦向直径	早材管胞横切面形状
云南松	生长轮甚明显，宽度不均匀，早材带占全轮宽度大部分	急变	最大弦径 55 μm，常见弦径 30~50 μm，平均弦径 37 μm	长方形及多边形
思茅松	生长轮甚明显，宽度不均匀，早材带占全轮宽度大部分	急变	最大弦径 64 μm，平均弦径 52 μm	长方形及多边形

对比显示，两种木材生长轮均明显，宽度不均匀，早材带占全轮宽度大部分；早材至晚材都属于急变类型；早材管胞横切面形状均为长方形及多边形。但思茅松管胞的弦向直径最大可达 64 μm，平均为 52 μm，远大于云南松 30~50 μm、平均 37 μm 的管胞弦向直径。

表 3-2 所列为云南松与思茅松径切面解剖学特征对比。管胞径壁均具缘纹孔，云南松以 1 列为主，偶具 2 列，思茅松为 1~2 列；云南松和思茅松的螺纹加厚及轴向薄壁组织均未见；两种木材交叉场纹孔类型基本相近，通常为窗格型，少数为松木型。二者射线管胞在径切面上内壁具深锯齿，外缘为波浪形。两种木材的径切面微观形态结构基本一致。

表 3-2 云南松与思茅松径切面解剖学特征对比

木材名称	早材管胞径壁具缘纹孔	螺纹加厚	轴向胞壁组织	交叉场纹孔	射线管胞	射线薄壁细胞
云南松	1 列为主，偶具 2 列	未见	未见	通常为窗格型，稀松木型 1~2 个，通常 1 横列	内壁具深锯齿，外缘为波浪形	水平壁薄，纹孔少；端壁节状加厚未见或微具，凹痕少
思茅松	1~2 列	未见	未见	通常为窗格型，少数为松木型，通常 1~2(稀 3)个，通常 1 横列	内壁具深锯齿，外缘为波浪形	水平壁薄，纹孔少；端壁节状加厚未见或微具，凹痕少

经微观解剖学分析，云南松和思茅松在弦切面上的木射线类型、单列射线、纺锤形木射线、射线管胞的位置等特征结构几乎无差异(表 3-3)。

表 3-3　云南松与思茅松弦切面解剖学特征对比

木材名称	木射线类型	单列射线特征	纺锤形木射线特征	射线管胞存在位置
云南松	单列及纺锤形	高 1~20 个细胞（32~500 μm）或以上，多数为 5~15 个细胞（90~322 μm）	具径向树脂道，近道上下方射线细胞为 2~3 列；上下端逐渐尖削呈单列，高 1~10 个细胞（24~290 μm）或以上	存在于单列及纺锤形木射线中，位于上下边缘和中部，低射线有时全部由射线管胞组成
思茅松	单列及纺锤形	高 1~20 个细胞（32~500 μm）或以上，多数为 5~15 个细胞（90~322 μm）	具径向树脂道，近道上下方射线细胞为 2~3 列；上下端逐渐尖削呈单列，高 1~10 个细胞（24~290 μm）或以上	存在于单列及纺锤形木射线中，位于上下边缘和中部，低射线有时全部由射线管胞组成

经微观解剖学分析，云南松和思茅松均含有轴向和径向两类树脂道。云南松轴向树脂道通常分布在整个生长轮内，思茅松轴向树脂通道常分布于晚材带及附近早材带内。云南松径向树脂道弦径为 150~220 μm，其周围具有 6~10 个泌脂细胞；思茅松径向树脂道弦径为 105~150 μm，其周围具有 4~7 个泌脂细胞。云南松径向树脂道较轴向树脂道则小得多，弦径为 30~50 μm，其周围具有 4~6 个泌脂细胞；思茅松径向树脂道弦径为 30~42 μm，其周围具有 3~5 个泌脂细胞（表 3-4）。

表 3-4　云南松与思茅松树脂道解剖学特征对比

木材名称	树脂道类型	轴向树脂道	径向树脂道	拟侵填体
云南松	轴向和径向	数量多，单独，通常分布在整个生长轮内	弦径多为 150~220 μm，弦径周围具有 6~10 个泌脂细胞	含有
思茅松	轴向和径向	数量多，单独，通常分布于晚材带及附近早材带内	弦径为 105~150 μm，周围具有 4~7 个泌脂细胞	含有

综上所述，可知云南松和思茅松在微观解剖学上的区别是：横切面上思茅松管胞的弦向直径远大于云南松管胞的弦向直径。云南松轴向树脂道常分布在整个生长轮内，直径远大于思茅松轴向树脂道，且其泌脂细胞个数也多于思茅松，而思茅松轴向树脂道常分布于晚材带及附近早材带内。对第一类古木进行测量后得出，其管胞弦向直径为 20~53 μm，平均值为 34 μm；轴向树脂道直径为 130~200 μm，部分树脂道内的泌脂细胞破损严重，无法成为有效参考。尽管古木保存环境中水量充沛，不会造成古木细胞大量失水的结果，但毕竟古木年代久远，且在挖掘及后期处理过程中存在一定程度上的失水变形。因此，此类木材为云南松的可能性远大于思茅松。

3.4.1.3 古木生长条件分析

表3-5所列为云南松、思茅松生长环境的对比分析。

表3-5 云南松与思茅松生长环境对比分析

树种	产地分布	生长环境及海拔	纯/混林
云南松	产于云南、西藏东部、广西、贵州、四川西部及西南部	600~3 100 m 的阳坡或河流两岸	多为纯林
思茅松	产于中国云南南部麻栗坡、思茅、普洱、景东及西部潞西等地,越南中部、北部,老挝	700~1 200 m 地带	常为单纯林

对比云南松和思茅松的生长环境我们可以看出:云南松在云南全省均有分布,据资料记载,其在云南西北部石鼓地区及丽江、永北、华坪三角地带尚有大面积的老林存在。云南松较之思茅松分布在云南那部地区居多的特性,说明云南松比思茅松更能适应寒冷的气候条件。并且云南松生长海拔范围较为广泛,思茅松仅在700~1 200 m 的地带广泛出现,更加说明思茅松比云南松需要更为温暖湿润的环境才能生长。云南松为喜光性强的深根性树种,适应性强,能耐冬春干旱气候及瘠薄土壤,能生长于酸性红壤、红黄壤、棕色森林土或微石灰性土壤上。但它在气候温和、土层深厚肥润、酸性壤土、排水良好的北坡或半阴坡地带生长得最好;在干燥阳坡或山脊地带则生长较慢;在强石灰性土壤及排水不良的地方生长不良。对应分析海门口遗址所处地理位置及周边环境,可以推断出此种木材为云南松的可能性较大。

3.4.2 壳斗科锥属木材

在此次发掘的过程中,仅有两个样本为同一种阔叶树材,属壳斗科(Fagaceae)锥属(*Castanopsis* sp.)中的一种木材,图3-2为此种树种的微观解剖学三视图。从图上我们可以看出其解剖学特征为:横切面上,生长轮不明显,宽度不均匀;导管横切面为圆形及卵圆形;散孔材至半环孔材,宽度不均匀。径切

(a)横切面　　　　　(b)径切面　　　　　(c)弦切面

图3-2 锥属古木的三切面

面上,螺纹加厚未见,轴向薄壁组织未见。弦切面上,木射线非叠生,具单列及多列两类,且多列木射线为多列宽型木射线。

3.5 本章小结

经鉴定研究得出,在所取528个古木试件中,有526个属于松科(Pinaceae)云南松(*Pinus yunnanensis*)。在出土的试件中,仅编号DT1105-03和DT1304-48两个样品为阔叶树材,其为同一种壳斗科(Fagaceae)锥属(*Castanopsis* sp.)木材。

4 海门口遗址饱水木质文物降解程度分析

4.1 引 言

海门口遗址于 2008 年进行第三次发掘。发掘总面积达 1 395 m²。除对个别探坑进行回填外，其余探坑均用木桩加固了坑壁。由于地势低洼，探坑内积水，发掘中出露的木桩已浸泡在水中，目前尚未对其进行必要的技术处理。

图 4-1 是 2013 年 6 月，海门口遗址采样时的现场状况：所有探坑上方均无任何防护，直接裸露在自然环境中。图中工人正在探坑中作业，将探坑中部分腐朽的木桩采集上来。探坑中浸泡木质文物的水质混浊，颜色泛黑，水体中有大量藻类繁衍。部分木构件已断裂，漂浮在水面上。

图 4-1 海门口遗址采样现场

图 4-2 是刚刚从探坑中采集的古木，已经变得十分松软，用手轻轻按压表面便会有明显的压痕，触感像海绵一样。古木右侧颜色较接近新鲜木材的部分是淹埋在泥下的部分。中段常年浸泡在水中。在每年雨量充沛的季节，随着探坑中水位上升，水上部分也会被浸泡在水中。到了旱季，随着探坑中水位的下降，水上部分又暴露在空气中风吹日晒。反复的浸泡和日晒，造成了古木水上部分的变色和严重开裂，可以用手轻易剥离。加上长时间的微生物降解，海门口遗址饱水古木已经十分脆弱。

图 4-2　刚从探坑中采集的饱水古木

海门口遗址饱水木质文物从外观看已经发生严重降解，并且保存条件十分简陋粗放。如不做及时的加固处理，情况会迅速地进一步恶化，甚至可能发展到不可加固修复的地步。需要即刻进行妥当的加固处理。

4.2　实验材料

海门口遗址饱水木质文物性质分析及降解评价主要包括以下指标：基本密度、最大含水率及绝干孔隙率；饱和至绝干干缩率(径向及弦向)、绝干至饱和湿胀率(径向及弦向)；含水率为12%时的顺纹抗压强度；疏水性(表面接触角)。将海门口遗址饱水古木各项指标与同种现代健康材进行对比，并对饱水古木的降解程度进行分析。

用于测试分析的饱水古木采集自海门口遗址探坑 AT2001，饱水古木中间直径 12.7 cm，长度 62 cm，质量 7.9 kg，所属时期为中期，树种为云南松(*Pinus yunnanensis*)。图 4-3 为用于测试的饱水古木横切面。从图中可以看出古木外部较内部腐朽严重，有较多的虫蛀孔洞和裂缝。锯制顺纹抗压强度试件时，须避开这些虫蛀孔洞和裂缝。用于作为对比样的云南松现代健康材采集自云南省普洱市。

图 4-3 用于性能测试分析的饱水古木横断面

由于饱水古木降解严重,像海绵一样瘫软,因此在锯切用于测试分析的标准规格试件前,要先对其进行包埋处理。具体方法如下:

(1)浸渍:将 PEG 2 000 放入烘箱在 60 ℃条件下融化。将古木浸泡在融化的 PEG 中。

(2)晾干硬化:待 PEG 液面不再下降,说明古木内部已经完全被 PEG 浸满(时间为 20 d),取出古木放置于阴凉处,自然晾干,使古木硬化。

(3)锯切规格试样:图 4-3 为用 PEG 加固后的古木,已有足够的强度支撑锯解。从古木横断面看,有很多虫蛀孔道和沿木射线方向的明显开裂。在锯解试样时,要避开这些缺陷。

(4)脱出 PEG:将锯解好的规格试样放入清水中,置于烘箱内,将烘箱温度调节为 60 ℃。每天置换清水,脱出时间为 20 d。

4.3 实验方法

4.3.1 基本密度测定

基本密度测定方法参照《木材密度测定方法》(GB/T 1933—2009)第 7 章。

4.3.1.1 试样制备

海门口遗址饱水云南松古木及云南松现代健康材。试样规格为 20 mm×20 mm×20 mm。

4.3.1.2 实验步骤

(1)试样饱水:为了确保测定时木材处于最大含水率且节省时间,要先将锯制好的规格试样进行饱水处理。古木在脱出 PEG 后直接处于饱水状态,无须饱水处理。新鲜云南松须放入盛有蒸馏水的容器内,用不锈钢金属网将试样压入水面以下,将容器放入真空干燥箱内抽真空,真空度保持在 -0.09 MPa,时间 1 h。解除真空，试样全部沉至容器底部，将试样静置。从中选定 5 个试样隔天称重，至最后 2 次称量之差不超过试样质量的 0.5% 时，即认为试样达到最大含水率。

（2）试样编号：擦拭干试样的表面水分，对其进行编号。

（3）测量尺寸：在试样各相对面的中心位置，分别测出其弦向、径向和顺纹方向的尺寸，精确至 0.01 mm。

（4）试样烘干恒重：将试样放入烘箱内恒重，在（103±2）℃温度下烘干 8 h 后，从中选定 2~3 个试样每隔 2 h 进行称重，至最后 2 次称量之差不超过试样质量的 0.5% 时，即认为试样达到绝干。

（5）称绝干质量：用干燥的镊子将试样从烘箱中取出，放入装有干燥剂的玻璃干燥器中，盖好干燥器。待试样冷却至室温后，用干燥的镊子将试样取出称量质量，精确至 0.001 g。

（6）计算基本密度：见式（4-1）。

$$\rho_\gamma = \frac{m_0}{v_{max}} \tag{4-1}$$

式中：ρ_γ——试样基本密度（g/cm³）；

m_0——试样绝干质量（g）；

v_{max}——试样饱水时的体积（cm³）。

4.3.2　最大含水率测定

最大含水率即木材细胞壁和细胞腔全部充满水分时的含水率。最大含水率测试参照《木材含水率测定方法》（GB/T 1931—2009）进行。

4.3.2.1　试样制备

海门口遗址饱水云南松古木及现代云南松健康材。试样规格为 20 mm×20 mm×20 mm。

4.3.2.2　实验步骤

（1）试样饱水：饱水过程参照 4.3.1.2 中步骤（1）。

（2）试样编号：编号过程参照 4.3.1.2 中步骤（2）。

（3）称饱水质量：称重，精确至 0.001 g。

（4）试样烘干恒重：烘干恒重过程参照 4.3.1.2 中步骤（4）。

（5）称绝干质量：称绝干质量过程参照 4.3.1.2 中步骤（5）。

（6）计算最大含水率：见式（4-2）。

$$W_{max} = \frac{m_{max} - m_0}{m_0} \times 100\% \tag{4-2}$$

式中：W_{max}——试样的最大含水率(%)；

m_{max}——试样最大含水率时的质量(g)；

m_0——试样绝干时的质量(g)。

4.3.3 绝干孔隙率测定

4.3.3.1 试样制备

海门口遗址饱水云南松古木及现代云南松健康材。试样规格为 20 mm×20 mm×20 mm。

4.3.3.2 实验步骤

(1)试样烘干恒重：试样的烘干恒重过程参照 4.3.1.2 中步骤(4)进行。

(2)称绝干质量：用干燥的镊子将试样取出称质量，精确至 0.001 g。

(3)测绝干尺寸：在试样各向对面的中心位置，分别测出弦向、径向和顺纹方向的尺寸，精确至 0.01 mm。

(4)计算绝干孔隙率：见式(4-3)。

$$C = (1 - \frac{m_0}{1.54 \times v_0}) \times 100\% \qquad (4-3)$$

式中：C——试样的绝干孔隙率(%)；

m_0——试样的绝干质量(g)；

v_0——试样的绝干体积(cm^3)；

1.54——除去细胞腔、细胞壁孔隙、空气、水分等的细胞壁实质物质密度(g/cm^3)。

4.3.4 饱和至绝干干缩率、绝干至饱和湿胀率测定

饱和至绝干干缩率测定方法参照《木材干缩性测定方法》(GB/T 1932—2009)；绝干至饱和湿胀率测定方法参照《木材湿胀性测定方法》(GB/T 1934.2—2009)。

4.3.4.1 试样制备

海门口遗址饱水云南松古木及云南松现代健康材。试样规格为 20 mm×20 mm×20 mm。

基本密度、最大含水率、绝干孔隙率及干缩率和湿胀率可用同一批试样进行测定，如图 4-4 所示。

图 4-4 基本密度、含水率、干缩率和湿胀率等测定实验用试样

4.3.4.2 实验步骤

(1)试样饱水:饱水过程参照4.3.1.2中步骤(1)。

(2)测首次饱水尺寸:饱水后,标出每个试样各相对面的中心位置,并在标志位置测量试样的径向、弦向和纵向尺寸。测量过程中保持试样处于湿材状态。

(3)试样烘干恒重:将试样放在烘箱中恒重。开始将温度设定为60 ℃,保持6 h,然后参照4.3.1.2中步骤(4)进行烘干恒重。

(4)测绝干尺寸:绝干尺寸精确至0.01 mm。

(5)试样第二次饱水:饱水过程参照4.3.1.2中步骤(1)。

(6)测量第二次饱水尺寸:第二次饱水后,在原来的标志位置测量试样的径向、弦向和纵向尺寸,精确至0.01 mm,测量过程中保持试样处于湿材状态。

(7)计算试样饱和至绝干干缩率:见式(4-4)。

$$\beta_{\max} = \frac{l_{\max} - l_0}{l_{\max}} \times 100\% \tag{4-4}$$

式中:$\beta_{\max}$——试样饱和至绝干干缩率(%);
$l_{\max}$——试样第一次饱水时的径向、弦向或纵向尺寸(mm);
l_0——试样绝干时的径向、弦向或纵向尺寸(mm)。

(8)计算试样绝干至饱和湿胀率:见式(4-5)。

$$\alpha_{\max} = \frac{l'_{\max} - l_0}{l'_{\max}} \times 100\% \tag{4-5}$$

式中:$\alpha_{\max}$——试样绝干至饱和湿胀率(%);
$l'_{\max}$——试样第二次饱水时的径向、弦向或纵向尺寸(mm);

l_0——试样绝干时径向、弦向或纵向尺寸(mm)。

4.3.5 顺纹抗压强度测定

试样的顺纹抗压强度测定方法参照《木材顺纹抗压强度实验方法》(GB/T 1935—2009)。

4.3.5.1 试样制备

海门口遗址饱水云南松古木及现代云南松健康材。试样规格为 20 mm× 20 mm×30 mm，30 mm 为顺纹方向长度。

4.3.5.2 实验设备

三思万能力学实验机，型号 UTM5105。

4.3.5.3 实验步骤

(1)调整含水率：将试样含水率调整至 9%~15%。将锯制好的试样放入恒温恒湿箱，温度为(20±2)℃，湿度为 65%±3%。取其中的 3 个试样隔天称重，至最后 2 次称量之差不超过试样质量的 0.5%时，即认为试样达到平衡含水率。

(2)测量尺寸：在试件各侧面的中心位置，测量其宽度及厚度，精确至 0.1 mm。

(3)破坏试样：将试样放在实验机活动支座的中心位置，以 0.017 mm/s 的速度均匀加载荷，在 1.5~2 min 内使试样损坏。当实验机的显示数字明显减小，即视为试样已被破坏。记录试样被破坏时的载荷及压头的行程。

(4)测量含水率：试样损坏后，马上测量试样含水率。

(5)计算顺纹抗压强度：计算试样含水率为 $W\%$ 时的顺纹抗压强度，并转换为含水率为 12%时的顺纹抗压强度。

①试样含水率为 $W\%$ 时的顺纹抗压强度计算见式(4-6)。

$$\sigma_W = \frac{P_{\max}}{bt} \tag{4-6}$$

式中：σ_W——试样含水率为 $W\%$ 时的顺纹抗压强度(MPa)；

$P_{\max}$——破坏载荷(N)；

b——试样宽度(mm)；

t——试样厚度(mm)。

②试样含水率为 12%时的顺纹抗压强度计算见式(4-7)。

$$\sigma_{12} = \sigma_W \times [1 + 0.05 \times (W - 12)] \tag{4-7}$$

式中：W——试样气干含水率(%)；

σ_{12}——试样含水率为 12%时的顺纹抗压强度(MPa)。

4.3.6 表面接触角测定

4.3.6.1 试样制备

海门口遗址饱水云南松古木及现代云南松健康材。试样规格约为 18 mm× 18 mm×25 mm，以能放入仪器样品槽内为准。要求锯切出标准的横切面、径切面和弦切面。脱完 PEG 后的试样按如下步骤制备：

(1)溶剂干燥(只针对未加固古木素材)：采用的溶剂干燥体系为甲醇-丙酮-正戊烷，即按照表面张力的大小，依次用甲醇置换木材中的水分(时间为 24 h，中间置换 1 次甲醇)，再用丙酮置换甲醇(时间为 24 h，中间置换 1 次丙酮)，接着用正戊烷置换丙酮(时间为 24 h，中间置换 1 次正戊烷)，最后用塑料薄膜盖住烧杯，使木材中的正戊烷慢慢挥发。

(2)试样烘干恒重：试样烘干恒重过程参照 4.3.1.2 中步骤(4)。

(3)试样打磨：溶剂干燥后，用 600 号砂纸将要测试的试样表面打磨光滑，再用美工刀将测试表面砂纸打磨下来的木粉刮磨干净。将试样放入自动封口袋中密封备用。

4.3.6.2 实验设备

SZ10-JC2000A 静滴接触角/界面张力测量仪。

4.3.6.3 实验步骤

(1)测试由 2 人共同操作完成，1 人负责滴水，1 人负责拍照。在水滴滴入试样表面瞬间抓拍图片。

(2)采用蒸馏水作为测试液体。用 10 μL 手动进样针，每次滴水 2 μL。

(3)分别测量试样的三切面，弦切面分早晚材。每个切面拍 10 张照片，取 10 个测量值的平均值。

4.4 实验结果

4.4.1 基本密度、最大含水率及绝干孔隙率

基本密度和最大含水率是反映饱水古木降解程度较科学且操作相对方便的指标。基本密度可以反映饱水古木的降解程度，而气干密度不可以。张金萍等收集不同地方出土的 13 种木材(共 8 个树种)的饱水古木与其同种的现代健康材做对比。在密度测试中发现，在树种相同的前提下，轻微降解的饱水古木气干密度一般小于现代健康材，严重降解的饱水古木气干密度一般大于现代健康材。而饱水古木的基本密度全部小于现代健康材。并且降解越严重，与现代健康材相差越大[53]。这说明气干密度不可以反映饱水古木的降解程度。

从两种密度的计算公式分析其原因：对于轻微降解的饱水古木，其内部的纤维素等化学成分只是发生了少量降解。在饱水古木气干过程中，剩余的大部分骨架物质仍可以支撑木材的内部构造不发生剧烈的收缩变形。这时古木质量减小程度大于体积减小程度。因此，同材种的古木气干密度小于现代健康材。而对于严重降解的饱水古木，其内部的化学成分发生严重降解。在饱水古木气干过程中，剩余的少量细胞壁物质在水分蒸发后已不能支撑原来的细胞构造，会发生严重的塌缩，导致整个木材体积收缩严重。这使得古木质量减小程度小于体积减小程度。因此，同材种的古木气干密度大于现代健康材。

木材的基本密度计算公式是用绝干质量除以饱水体积。对于饱水古木来说，采用基本密度有两点好处：第一，计算采用饱水体积，不受气干过程体积严重收缩的影响；第二，饱水古木一般材质瘫软，锯解规格尺寸的试样困难，使用基本密度测量饱水体积可以使用体积不规格的试样，用排水法测量。

海门口遗址饱水古木基本密度仅为 0.16 g/cm^3，现代健康材基本密度为 0.48 g/cm^3（表4-1）。饱水古木的基本密度反映了木材实质物质的含量。古木降解越严重，细胞壁实质物质含量越少，基本密度越小。海门口遗址饱水古木基本密度只有现代健康材的约1/3，说明古木已经发生严重降解。

最大含水率反映了木材孔隙率的大小。其内部的孔隙率越大，说明细胞降解越严重，最大含水率就越大。通常饱水古木的保存状况按其最大含水率被分为3个等级：

①Ⅰ级，最大含水率≥400%，属严重降解；

②Ⅱ级，400%>最大含水率>185%，属中度降解；

③Ⅲ级，最大含水率≤185%，属轻度降解[54]。

从表4-1还可看出海门口遗址饱水古木最大含水率为578.68%，远高于400%，属"严重降解"。现代健康材最大含水率为139.64%，饱水古木最大含水率是现代健康材的约4.1倍，进一步说明海门口遗址饱水古木降解十分严重。

表4-1　云南松饱水古木和现代健康材基本密度、最大含水率及绝干孔隙率

木材类型	指　标	统计值				
		平均值	最大值	最小值	标准差	变异系数/%
饱水古木	基本密度/(g/cm^3)	0.16	0.22	0.13	0.02	14.51
	最大含水率/%	578.68	705.92	373.52	66.58	11.51
	绝干孔隙率/%	0.48	0.58	0.36	0.06	12.24
现代健康材	基本密度/(g/cm^3)	83.48	86.69	77.40	2.13	2.55
	最大含水率/%	139.64	190.75	102.08	24.91	17.84
	绝干孔隙率/%	64.46	73.70	55.16	4.78	7.42

绝干孔隙率即试样在绝干状态下内部的孔隙总体积之和占木材体积的百分比。如表4-1所示,饱水古木绝干孔隙率为83.48%,健康材绝干孔隙率为64.46%。制作本实验的古木试件时,已经避开了虫蛀孔道,因此,孔隙率的增大主要是由于纤维素、半纤维素及木质素等木材主要化学成分的降解。

通过前面分析可知,最大含水率反映了古木的孔隙率,饱水古木最大含水率是现代健康材的约4.1倍,而饱水古木绝干孔隙率是现代健康材的约1.3倍。这两个倍数看起来相差很远,没有相关性。分析其原因:绝干孔隙率直接反映了绝干状态下的孔隙率,而最大含水率间接反映了饱水状态下的孔隙率。这2个倍数(4.1倍和1.3倍)之间的差异说明:海门口遗址古木饱水状态孔隙率远大于绝干状态孔隙率,也就是说绝干状态的古木相比饱和状态体积会发生严重的收缩。这很可能导致在加固和干燥的过程中古木细胞坍塌、整体尺寸收缩严重,古木严重开裂变形[54]。因此,在设计加固和干燥方案时要充分考虑尽量减小细胞塌缩。加固后期的干燥过程中就要选择较温和的方法。

4.4.2 饱和至绝干干缩率、绝干至饱和湿胀率

干缩率直接表明了器物失水之后的变形程度,是评估饱水古木降解程度的重要指标之一,与脱水方法的选择具有直接的关系[55]。表4-2为云南松饱水古木和现代健康材的饱和至绝干干缩率(以下简称干缩率)、绝干至饱和湿胀率(以下简称湿胀率)。因为无法估算饱水古木的纤维饱和点,因此最大饱和即木材达到最大含水率时的状态。

表4-2 云南松饱水古木和现代健康材干缩率、湿胀率　　　　单位:%

指标			平均值	最大值	最小值	标准差	变异系数
干缩率	径向	饱水古木	8.16	13.41	3.84	2.19	26.88
		现代健康材	4.46	6.90	2.56	1.20	26.98
	弦向	饱水古木	24.74	32.16	7.20	6.13	24.78
		现代健康材	7.76	9.57	5.66	1.12	14.44
	纵向	饱水古木	14.84	18.02	4.92	3.54	23.83
		现代健康材	0.31	0.90	0.05	0.21	66.88
湿胀率	径向	饱水古木	4.12	6.01	2.06	1.06	25.79
		现代健康材	4.46	6.69	2.59	1.14	25.51
	弦向	饱水古木	11.28	16.91	6.65	2.58	22.89
		现代健康材	8.50	10.75	6.24	1.32	15.59
	纵向	饱水古木	7.08	9.16	1.99	2.54	21.03
		现代健康材	0.30	0.86	0.05	0.22	73.84

分析表4-2中数据可以得出以下结论：

(1)饱水古木干缩率径向为8.16%，弦向为24.74%，纵向为14.84%；现代健康材干缩率径向为4.46%，弦向为7.76%，纵向为0.31%。饱水古木径向干缩率约是现代健康材的2倍；弦向干缩率约是现代健康材的3倍；纵向干缩率约是现代健康材的48倍。并且在干缩实验过程中发现部分饱水古木试件干燥后会发生变形，说明海门口遗址饱水古木在失水过程中收缩十分严重，细胞壁在失水后已经不能够支撑原来的形状。

(2)饱水古木纵向干缩率十分严重。通常情况下木材纵向干缩率要小于径向和弦向。但海门口遗址饱水古木纵向干缩率(14.84%)明显大于径向干缩率(8.16%)，是现代健康材的约48倍。这主要是由饱水古木纤维素分子链的断裂造成的。我们知道木材的干缩率取决于细胞壁S_2层，因为S_2层最厚，厚度约占细胞壁的70%~90%。并且S_2层微纤丝排列方向接近细胞长轴(与细胞长轴呈10°~30°排列)，因此纵向干缩率要明显小于径向和弦向。古木的严重腐朽导致纤维素分子链断裂。如图4-5所示：(a)为饱水状态下，水分子介入断裂的纤维素分子链之间，使得古木沿细胞长轴方向仍能保持原来的尺寸。(b)为干燥状态下，失去水分子的"支持"，断裂的纤维素分子链沿细胞长轴方向聚集。

(3)饱水古木湿胀率径向为4.12%，弦向为11.28%，纵向为7.08%；现代健康材湿胀率径向为4.46%，弦向为8.50%，纵向为0.30%。饱水古木弦向湿胀率略大于现代健康材，径向湿胀率甚至要小于现代健康材，纵向湿胀率明显大于现代健康材。

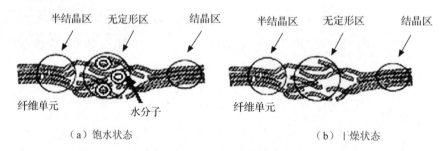

(a) 饱水状态　　　　　　　　　　(b) 干燥状态

图4-5　饱水古木饱水和干缩示意图[56]

(4)饱水古木的各向干缩率明显大于其同向湿胀率。也就是说饱水古木在干燥后再重新吸水，木材尺寸虽然会湿胀，但恢复不到原来的尺寸。这说明海门口遗址饱水古木干缩湿胀机理和现代健康材相比已经发生了本质上的变化。木材中的水分分为自由水和结合水。现代健康材的自由水存在于木材细胞腔中，与液态水性质一样。结合水存在于木材细胞壁无定形区，以氢键形式与羟基结合。当木材细胞壁中的结合水发生解吸或吸着时，木材便会随之发生干缩湿胀；

氢键断裂，吸着水从细胞壁中解吸出来，细胞壁干缩；水分进入细胞壁无定形区，与羟基结合生成氢键，细胞壁润胀。而对于严重降解的饱水古木情况则不同：纤维素和半纤维素等化学成分的降解，导致古木细胞壁内产生了许多大尺寸孔隙，尺寸大到足以使水分以自由水状态存在于这些孔隙中。同时古木细胞壁内也存在一部分吸着水。当干燥时，古木细胞壁会随着壁内的自由水和吸着水的大量散失而严重塌缩。当将绝干古木重新置于水中时，细胞壁内的羟基会重新与水分子结合，使古木体积湿胀并恢复部分尺寸。但细胞壁中原来积存自由水的大尺寸孔隙在塌缩后，不能再重新润胀，导致古木恢复不到原来的尺寸。

(5)海门口遗址饱水古木弦向干缩率(24.74%)是径向(8.16%)的约3.0倍，现代健康材弦向干缩率(7.76%)是径向(4.46%)的约1.7倍。说明与现代健康材相比，饱水古木的弦向干缩率与径向干缩率的差值更大。也就是说饱水古木木射线对径向干缩的牵制作用更突出。这主要是因为木射线属于木质素含量相对较高的薄壁细胞，而管胞等厚壁细胞纤维素和半纤维素含量相对较高。木质素的化学性质比纤维和半纤维素等多糖类物质更稳定。因此，古木内木射线细胞的降解程度相对管胞等厚壁细胞程度轻一些。对于现代健康材来说，弦向干缩率大于径向干缩率的主要原因是木射线的牵制作用。对于饱水古木来说，木射线的这种牵制作用更加突出。

4.4.3 顺纹抗压强度

在测试古木的顺纹抗压强度时，从压头接触到古木有压力产生开始到古木被压溃，这个过程中压头所走的行程为"最大破坏载荷时压头的行程"（以下简称压头行程）。本小节中用压头行程来衡量古木的顺纹弹性。压头行程越大，说明顺纹弹性越好，即脆性越低，越有利于古木的运输及保存。

从表4-3可以看出云南松健康材的顺纹抗压强度为59.28 MPa，海门口遗址出土云南松古木顺纹抗压强度仅为3.67 MPa。说明出土古木腐朽严重，力学强度已经不能支撑其作为木质文物的展示、存放及运输，必须及时进行加固处理。另外，古木压头的行程(1.30 mm)要小于现代健康材(1.52 mm)，说明气干状态下古木弹性小于健康材，弹性减小意味着脆性增加，更加不利于古木的保存。

表4-3 云南松古木和现代健康材顺纹抗压强度和压头行程

指标		含水率/%	平均值	最大值	最小值	标准差	变异系数/%
顺纹抗压强度/MPa	饱水古木	12.09	3.67	4.93	1.98	0.76	20.73
	现代健康材	10.99	59.28	68.85	49.57	5.42	9.15
压头行程/mm	饱水古木	12.09	1.30	2.03	0.96	0.26	19.94
	现代健康材	10.99	1.52	2.23	1.21	0.25	16.38

海门口遗址饱水古木顺纹抗压强度严重降低的原因分析如下：

（1）从宏观构造角度分析。古木常年淹埋于地下，受到厌氧微生物的严重腐蚀。另外，古木发掘时间是 2008 年 5 月，课题组采样时间是 2013 年 6 月，期间的 5 年时间古木都暴露在室外。每年随着雨季和旱季的到来，交替淹埋在水中或暴露在空气中风吹日晒。以上外在因素导致了古木的收缩变形，内部产生裂缝，这些裂缝使古木的顺纹抗压强度发生骤减，这也是古木顺纹抗压变异系数明显大于健康材的原因。

（2）从微观构造角度分析。古木腐朽降解导致了古木细胞壁孔隙尺寸变大、孔隙数量增加以及结晶度降低，这些因素都会导致古木顺纹抗压强度降低。

（3）从分子角度分析。纤维素、半纤维素和木质素是组成木材细胞壁的三大主要化学成分，木材降解即三大化学成分的降解。纤维素分子链的降解断裂削弱了其原有的刚性；半纤维素和木质素的降解降低了细胞壁基质物质间的紧密程度。

4.4.4　表面接触角

表面接触角用来衡量木材表面疏水性的强弱，表面接触角越大，说明疏水性越好。图 4-6 是云南松饱水古木和现代健康材三切面表面接触角。从图中分析可以得出以下结论：

（1）现代健康材和饱水古木都是横切面接触角最小，甚至未加固古木横切面表面接触角为 0°，这是因为水滴滴在古木横切面的瞬间便被吸收，根本就无法抓拍到水滴图像。这说明古木严重降解导致细胞腔扩大，同时细胞壁上的纹孔绝大部分被破坏，这样古木内部系统更加通透，细胞腔内部压力大幅下降，因此横切面很容易被水润湿。

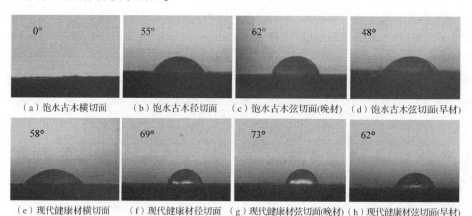

图 4-6　云南松饱水古木和现代健康材表面接触角

(2)从图中还可以看出,现代健康材和未加固古木三切面接触角都是弦切面晚材>径切面>弦切面早材>横切面。由于云南松年轮太窄,有时比液体与木材接触面直径还要小,因此只有弦切面分早晚材测量,径切面无法实现早晚材分开测量。测量径切面表面接触角时,液滴覆盖面包括早材和晚材。

(3)三切面接触角都是现代健康材明显大于未加固古木。取三切面接触角平均值作为试样的接触角,则未加固古木接触角为41°,现代健康材接触角为66°。说明未加固古木表面疏水性差,容易吸收空气中的水分,为其内部的腐朽菌提供水分,加速古木腐朽。

4.5 本章小结

(1)海门口遗址木质文物保存条件堪忧。由于濒临海尾河,海门口遗址已发掘探坑内常年积水,加之风吹日晒,探坑内的古木已严重腐朽开裂。用手轻轻按压即可出现明显压痕,像海绵一样瘫软。对于有重要考古价值的海门口遗址木质文物,需要及时进行加固保护处理。

(2)海门口遗址饱水古木基本密度为 0.16 g/cm³,现代健康材基本密度为 0.48 g/cm³;饱水古木最大含水率为 578.68%,现代健康材最大含水率为 139.64%。说明海门口遗址饱水古木降解十分严重。

(3)海门口遗址饱水古木干缩严重(弦向干缩率达 24.74),且伴有开裂变形。加固处理时药剂浸注及后期的干燥处理都需要采取较缓和的手段,以免古木细胞塌缩造成整体木材开裂变形。另外,古木收缩后再重新吸水,体积不能完全恢复。据此推测严重降解导致古木细胞壁内出现大尺寸孔隙,尺寸大到可以使孔隙内容纳自由水。在古木失去细胞壁内的自由水后,无法再将这部分自由水重新吸收,因此体积不能完全恢复。这些大尺寸孔隙会使古木的力学强度大幅下降。

(4)海门口遗址古木顺纹抗压强度为 3.67 MPa,现代健康材为 59.28 MPa。说明古木力学强度损失严重。另外,古木压溃时的压头行程为 1.30 mm,现代健康材为 1.52 mm。说明古木的顺纹弹性减小,脆性增加,在运输或搬卸过程中不能很好地缓冲外来的冲击力。

(5)海门口遗址饱水古木三个切面的表面接触角都明显小于现代健康材,尤其是横切面接触角为 0°。说明古木疏水性差,易吸收空气中的水分,更加不利于贮存。另外,也说明古木内部管道系统彼此连通,压力降低,才使得水分很容易被吸收。因此,加固试剂可采用常压浸渍方法注入古木内部,既可以避免压力对脆弱的古木细胞造成伤害,又可以节约加固成本。

5 海门口遗址饱水木质文物腐朽机理分析

5.1 实验方法

5.1.1 常规化学成分分析

5.1.1.1 试样制备

云南松饱水古木和现代健康材圆盘各 1 个。用美工刀将圆盘削成薄片；置入打粉机中磨成锯末；过 40~60 目筛。

5.1.1.2 实验步骤

有机溶剂抽提物含量测定参照《造纸原料有机溶剂抽出物含量测定》(GB/T 2677.6—1994)；酸不溶木素含量测定参照《造纸原料酸不溶木素含量测定》(GB/T 2677.8—1994)；综纤维素含量测定参照《造纸原料综纤维素含量测定》(GB/T 2677.10—1994)；多戊糖含量测定参照《造纸原料多戊糖含量测定》(GB/T 2677.9—1994)。

5.1.2 结晶度及晶区尺寸分析

5.1.2.1 试样制备

云南松饱水古木和现代健康材圆盘各 1 个。先将圆盘削成薄片，再用打粉机磨成锯末，过筛，取细于 200 目的木粉，在室温下压片。

5.1.2.2 实验设备

仪器采用日本理学公司 TTR Ⅲ 型 X 射线衍射仪。X 光管为 Cu 靶，管电压为 40 kV，管电流为 200 mA。测量方法为 $\theta/2\theta$ 联动扫描。

5.1.2.3 测量条件

发散狭缝(DS)=散色狭缝(SS)=(2/3)°接收狭缝(RS)=0.15 mm；扫描步宽(width)为0.02°；扫描范围为3°~60°；扫描速度为5°/min。

5.1.2.4 结晶度及晶区宽度计算

用JADE6.5进行峰型拟合及计算(包括宽度校正曲线)。

结晶度计算见式(5-1)。

$$Cr = \frac{I_C}{I_C + I_A} \times 100\% \qquad (5-1)$$

式中：Cr——木材结晶度(%)；

I_C——晶格衍射角的极大强度(任意单位)；

I_A——非结晶背景衍射的散射强度(单位与I_C相同)。

晶区宽度计算见式(5-2)。

$$D = \frac{K \times \lambda}{B_{002} \times \cos\theta} \qquad (5-2)$$

式中：D——结晶区宽度(nm)；

K——常数，取0.9；

λ——入射X射线波长，0.154 nm；

B_{002}——(002)面衍射峰半高宽(rad)；

θ——衍射角(°)。

5.1.3 FTIR分析

5.1.3.1 试样制备

云南松饱水古木和云南松现代健康材圆盘各1个，制成可过200目筛子的木粉。在100 ℃烘箱烘干20 h，放入密封袋中备用，在室温下与KBr压片。

5.1.3.2 实验设备

德国布鲁克光谱仪器公司生产红外光谱仪，型号TERSOR27。

5.1.3.3 留存率计算

留存率即古木中某种官能团或化学成分相对于现代健康材的百分比。其计算见式(5-3)。

$$C = \frac{\dfrac{A_{Wi}}{A_{W1505}}}{\dfrac{A_{ni}}{A_{n1505}}} \times 100\% \qquad (5-3)$$

式中：A_{Wi}——古木素材官能团i的吸光度；

A_{W1505}——古木素材苯环碳骨架振动在1 505 cm^{-1}附近的吸光度；

A_{ni}——现代健康材官能团 i 的吸光度；

A_{n1505}——现代健康材苯环碳骨架振动在 1 505 cm^{-1} 附近的吸光度。

5.1.4 ^{13}C 固体核磁共振分析

5.1.4.1 试样制备

(1)海门口遗址饱水云南松古木圆盘。从圆盘髓心至边部取一木条。颜色泛黑的部分靠近边部，浅色部分靠近髓心。在颜色深浅分界线处将木条分为 2 块，分别标为 B(靠近边部，颜色偏深，腐朽相对严重)和 C(靠近髓心，颜色偏浅，腐朽相对较轻)。

(2)将云南松现代健康材标为 A。

(3)将试样 A、B、C 分别打成粉末，取 40~60 目木粉。

(4)将上述木粉用苯乙醇混合溶液(苯：乙醇＝1∶3)在索氏抽提器中抽提 7 h。

(5)抽提完成后，将木粉置于阴凉通风处晾干，封存，备用。

5.1.4.2 实验设备

瑞士 Bruke 公司生产的傅里叶变换-核磁共振谱仪，型号 Ultrashield400Plus。

5.1.4.3 测量条件

13C/CP/MAS/13kHz；9.4T/AV400/ramp100/tppm15；delay＝5s，ct＝1ms，ns＝2 000。

5.1.5 SEM 微观构造分析

用 SEM 观察的主要目的有两个：一是观察自然干燥状态下，干燥应力对古木细胞的破坏程度，以对加固后的干燥方法提供参考依据。二是观察微生物对古木的破坏程度及破坏机理。因此，SEM 微观构造分析试样制备须分别采用自然干燥法和无应力干燥法。

5.1.5.1 自然干燥法试样制备

(1)取样：海门口遗址饱水古木圆盘，从古木髓心向外约 2/3 处取样。为使切面平滑，采用单面刮胡刀片切取。为保持刀片锋利，每片切取 3~4 次便更换。试样规格约为 10 mm×10 mm×5 mm。3 个切面(横切面、径切面、弦切面)要切取准确。

(2)干燥：尽量模拟大试件干燥条件，采取措施减缓干燥速度。将上述试件置于玻璃皿中，用滤纸将玻璃皿覆盖再用胶带固定。放置于阴凉通风处 1 周。然后拿开滤纸，继续在阴凉处干燥 1 周。

(3)平整试样：试样气干后，用上述刀片将木块修平整，修整后试样规格约为 5 mm×5 mm×2 mm，2 mm 为厚度。

5.1.5.2 真空冷冻干燥法试样制备

(1)取样：为了观察古木横切面不同部位腐朽程度，取样方法参照 5.1.6.2，试样规格约为 5 mm×5 mm×5 mm。按部位将试样编号，从古木外部到内部分别标为 SSⅠ、SSⅡ、SSⅢ、SSⅣ、SSⅤ。

(2)试样固定：参照 5.1.6.3 步骤(1)到(3)。

(3)乙醇梯度脱水：分别用 25%、50%、75%、95%乙醇溶液对试样进行逐级梯度脱水，每个级别 30 min。

(4)叔丁醇置换乙醇：将试样在乙醇叔丁醇混合溶液(95%乙醇与叔丁醇的体积比为 1∶1)中浸泡 1 h。然后将试样置于 100%叔丁醇中浸泡 3 次，每次 1 h。

(5)将试样置于 ES-2030 冷冻干燥机内冷冻干燥。操作步骤按其使用说明书进行。干燥完成后将试样按编号放在小玻璃瓶内备用。

5.1.5.3 实验设备

日立扫描电子显微镜，型号 S-3000N。

5.1.5.4 实验步骤

将干燥好的试样分三切面固定在样品托盘上，对试样进行表面喷金处理，最后用 SEM 对样品进行观察。加速电压为 15.0 kV。

5.1.6 TEM 微观构造分析

5.1.6.1 试剂配制

(1)缓冲液配制：首先用超纯水配制 4%二甲砷酸钠溶液 200 mL；然后用超纯水配制 0.1 mol/L 盐酸溶液 400 mL；最后用上述 2 种溶液配制缓冲液，即用 200 mL 的 4%二甲砷酸钠溶液加入 33.6 mL 的浓度为 0.1 mol/L 的盐酸溶液。缓冲液配好后置于 4 ℃冰箱冷藏。

(2)固定液配制：各组分液的体积比为 50%戊二醛溶液∶缓冲液＝8∶92。固定液配好后置于 4 ℃冰箱冷藏。

(3)2%锇酸溶液配制：将 0.5 g 四氧化锇加入 24.5 g 超纯水中，置于磁力搅拌器上加速溶解。

(4)乙醇溶液配制：用超纯水分别配制浓度为 25%、50%、75%、95%的乙醇溶液。

(5)混合树脂配制：为了防止混合树脂过于黏稠，要现用现配。体积比为 ERL4206∶DER736∶NSA∶S-1＝10∶6∶26∶0.4。其中，ERL4206 中文名为 3-环氧乙烷基 7-氧杂二环[4.1.0]庚烷的均聚物；DER736 中文名为聚乙二醇环氧树脂；NSA 中文名为壬烯基琥珀酸酐；S-1 中文名为二甲氨基乙醇。

5.1.6.2 试样制备

取半径约 12 cm 的海门口遗址饱水云南松古木圆盘 1 个，从髓心至圆盘边部取一木条。在木条上从髓心至边部每隔 2 cm 取样，试样长度(沿木材顺纹方向)约 1 cm，端面边长约 1 mm。每个部位约取 10 个试样，将同一部位的试样放在一个小玻璃瓶里，往瓶中加入上述固定液。按部位将试样编号，从古木外部到内部分别标为 STⅠ、STⅡ、STⅢ、STⅣ、STⅤ。

5.1.6.3 实验步骤

1) 试样固定和脱水

(1) 用上述缓冲液清洗试样 3 次，每次 20 min。期间要将试样置于 4 ℃冰箱冷藏。

(2) 用上述 2%锇酸溶液在室温下浸泡试样 2 h。

(3) 再用上述缓冲液清洗试样 3 次，每次 20 min。期间要将试样置于 4 ℃冰箱冷藏。

(4) 分别用 25%、50%、75%、95%乙醇溶液对试样逐级梯度脱水，每个级别 30 min。最后将试样置于 100%乙醇溶液中过夜。

2) 试样包埋

(1) 将试样置于乙醇丙酮混合溶液(乙醇与丙酮的体积比为 1∶1)中浸泡 30 min。

(2) 将试样置于丙酮中浸泡 30 min。

(3) 将试样浸泡于混合树脂丙酮混合溶液(混合树脂与丙酮的体积比为 1∶3)中 4 h，然后置于振荡器上，以加速混合树脂渗透。振荡频率不可过快，约为 100 次/min，以免对脆弱的古木造成伤害。

(4) 将试样浸泡于混合树脂丙酮混合溶液(混合树脂与丙酮的体积比为=1∶1)中 4 h，然后置于振荡器上。

(5) 将试样浸泡于纯混合树脂中，并置于振荡器上过夜。

(6) 在每个模具小格子中放入约 3/4 的混合树脂，再逐一放入 1 条上述处理好的试样，最后用混合树脂将小格子填满。

(7) 将模具置于干燥器中 6 h，待树脂变得略微黏稠，用平滑细针将试样小木条摆正。

(8) 将模具放入 70 ℃烘箱中过夜固化。将固化的树脂块编号，封存，备用。

3) 切片、染色及观察

用配有钻石刀的超薄切片机切片。将超薄切片用饱和醋酸铅溶液染色着色 10~20 min。用 TEM 进行观察。

5.2 实验结果与讨论

5.2.1 常规化学成分分析

5.2.1.1 抽提物

抽提物不构成木材细胞的基本构造物质,它的存在对木材的气味、颜色及渗透性等有一定的影响。对于古木而言,抽提物的含量在一定程度上也可以说明其存在的环境和降解程度。

饱水古木 1%NaOH 抽提物的含量(12.85%)要明显高于现代健康材(7.38%)(表5-1)。这是由于海门口遗址饱水古木常年淹埋在缺氧高湿的环境,在这种环境下古木主要被厌氧细菌腐蚀。厌氧细菌的主要降解对象是纤维素和半纤维素。古木中的半纤维素在光、热、氧化及微生物的作用下,被分解为己糖、多戊糖等糖基单元,这些糖基单元可以被 1%NaOH 溶液溶解抽提,造成了古木的 1%NaOH 抽提物含量高于现代健康材。并且研究表明,古木降解越严重,1%NaOH 溶液抽提物含量相对同种现代健康材越高[57]。

苯醇溶液主要是抽提木材中的树脂,其次是色素、脂肪酸、脂肪及可溶性丹宁等。海门口遗址饱水古木苯醇抽提物含量(2.16%)略低于现代健康材(2.35%)。这是由于饱水古木在埋藏过程中长期受地下水浸泡,古木中的丹宁、色素等有机物被水溶解造成的。

表5-1 云南松饱水古木和现代健康材化学成分　　　　单位:%

材料类型	苯醇抽提物	1%NaOH 抽提物	木质素	综纤维素	多戊糖
饱水古木	2.16	12.85	57.99	42.94	2.91
现代健康材	2.35	7.38	30.48	78.38	13.23

5.2.1.2 综纤维素

综纤维素是指木材中去除木质素后所剩纤维素和半纤维素的总和。综纤维素含量相对最能准确地反映饱水古木的腐朽程度[58-60]。这是因为能够分解木质素的白腐菌属需氧真菌,在地下缺氧环境中木质素不易受到微生物分解;另外木质素在地下缺氧环境中抗水解能力要比多糖类物质要强。而根据以往的研究,高湿缺氧环境中的古木降解主要是纤维素和半纤维素的降解。古木综纤维素含量为42.94%,只有现代健康材综纤维素含量(78.38%)的约1/2,古木棕纤维素含量明显低于现代健康材。这说明海门口遗址饱水古木的纤维素和半纤维素已经发生了严重降解。

5.2.1.3 多戊糖

海门口遗址饱水古木多戊糖含量为2.91%,只有现代健康材多戊糖含量

(13.23%)的约22%,这说明海门口遗址饱水古木半纤维素降解比纤维素更严重。这是因为纤维素和半纤维素虽然都是由糖基单元构成的高分子聚合物,但纤维素没有支链且只由一种糖基组成,而半纤维素由多种糖基组成,且有很多短支链。因此半纤维素相对更加容易分解[61-63]。

5.2.1.4 木质素

饱水古木木质素含量为57.99%,而现代健康材为30.48%(表5-1)。从表面上看古木木质素含量有所增加,但这种"增加"只是相对的,是由于纤维素和半纤维素的相对含量比木质素降低得更多而导致的。高湿低氧环境中,古木中的木质素也会发生部分降解。从图5-1可以看出古木细胞的次生壁与胞间层完全脱离,初生壁遭到了严重破坏。而初生壁正是木材细胞中木质素含量相对较高的地方[64]。由此可以证明海门口遗址饱水古木木质素也发生了一定程度的降解,只是降解程度不及纤维素和半纤维素。

5.2.2 结晶度及结晶区尺寸分析

木材纤维素是由结晶区和无定形区相间联结而成的二相体系。本实验中的相对结晶度是指在未将半纤维素、木质素等成分去除的情况下,纤维素结晶区所占木材整体的百分率。测量木材结晶度的方法不只有一种,包括X射线衍射法、红外光谱法、差热分析法等。测定方法不同,或者是测量方法相同测量条件不同,得到的结晶度值都会有差异[65]。本实验中,各试样间的测量方法和条件完全相同,因此得到的结晶度值用于相互之间的比较是有意义的。

结合图5-1和表5-2分析:$2\theta = 22°$附近是木材纤维素(002)结晶面的衍射峰,$2\theta = 34°$附近是木材纤维素(040)结晶面的衍射峰,$2\theta = 18°$附近有一波谷为非晶区的衍射强度。古木与现代健康材2θ衍射强度曲线图的形状大致相同,只是衍射强度有差异。这说明降解没有改变纤维素结晶部分的晶胞构造,仍为单斜晶系。衍射强度的差异说明降解后饱水古木纤维素结晶度下降。

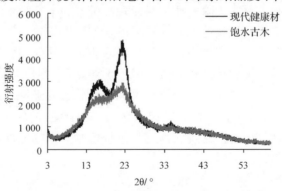

图5-1 饱水古木和现代健康材2θ衍射强度曲线

表 5-2　饱水古木及现代健康材的相对结晶度及晶区宽度

材料类型	结晶度/%	晶区宽度/nm	(002)面衍射峰对应 2θ/°	(040)面衍射峰对应 2θ/°
饱水古木	5.35	2.0	22.3	34.6
现代健康材	32.54	2.2	22.2	34.6

经拟合计算后，云南松饱水古木结晶度为 5.35%，云南松现代健康材结晶度为 32.54%。说明海门口遗址饱水古木纤维素降解过程中，结晶区也随之被破坏，成为非结晶区。在纤维素的结晶区，纤维素分子链排列定向有序，分子链间通过羟基形成的氢键彼此横向相连，构成一定的结晶格子。纤维素结晶区的抗拉强度、密度、硬度及尺寸稳定性等物理性能要优于非结晶区。因此结晶度的下降是海门口遗址饱水古木尺寸稳定性、力学强度及疏水性等性能严重劣化的主要原因之一。通过公式计算，云南松饱水古木晶区宽度为 2.0 nm，云南松现代健康材晶区宽度为 2.2 nm。天然纤维素（纤维素Ⅰ）晶胞参数 $c=0.78$ nm，据此推断饱水古木在结晶区宽度方向（垂直于 040 面）平均包含 2.6 个晶胞，云南松现代健康材结晶区宽度方向平均包含 2.8 个晶胞。饱水古木比现代健康材结晶区宽度略有下降，这是由于结晶区只是部分降解造成的。

5.2.3　FTIR 分析

结合图 5-2 和表 5-3 可以得出以下结论：

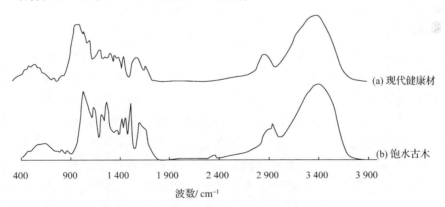

图 5-2　云南松饱水古木和现代健康材 FTIR 谱图

现代健康材在 1 736 cm^{-1} 处有一吸收峰，该峰为甲基葡萄糖醛酸中乙酰基（$CH_3C=O$）$C=O$ 伸缩振动吸收峰，为半纤维素区别于其他化学组分的特征峰。波数 1 600 cm^{-1} 以上 O—H、C—H 和 C=O 伸缩振动吸收带几乎是"纯"吸收带。古木在该处附近无吸收峰，说明古木中半纤维素（甲基葡萄糖醛酸）相对含量非常低，在本红外光谱分辨率下不能显示它的存在。前述"5.2.1 常规化学成分分析"中提到，现代健康材多戊糖含量为 13.23%，饱水古木多戊糖含量降至 2.91%，在这里通过红外光谱手段分析进一步得到验证。综合分析，古木半纤维素中多戊糖和己糖醛糖都遭到了严重降解。原因如前所述，半纤维素由多种糖基组成，且有很多短支链，是木材三大化学组分中最不稳定的一种。

现代健康材在 1 643 cm^{-1} 处有一吸收峰，为木质素中的共轭羰基 C═O 伸缩振动吸收峰。古木红外谱图在该位置附近未形成吸收峰，说明木质素苯环侧链上共轭羰基发生了电子转移，从而形成了其他基团。

古木素材在 1 510 cm^{-1} 和 1 603 cm^{-1} 处的吸收峰由木质素苯环的碳骨架振动引起。其中 1 510 cm^{-1} 附近芳香族骨架振动吸收带几乎是"纯"吸收带。现代健康材在 1 510 cm^{-1} 也有明显吸收峰，吸收峰的相对强度明显减弱；现代健康材在 1 603 cm^{-1} 处无吸收峰。这说明古木中木质素含量相对现代健康材有明显增加。这与前面"5.2.1 常规化学成分分析"中的测量结果一致。采用常规方法测得古木木质素相对含量为 57.99%，现代健康材为 30.48%。

现代健康材在 1 427 cm^{-1} 处的吸收峰由苯环与苯环之间的 C—C 官能团引起。古木出现在 1 423 cm^{-1} 处。古木红外谱图在该位置附近形成吸收峰的相对强度明显高于现代健康材，其留存率为 63%。以上现象说明：第一，古木木质素相对含量高于现代健康材；第二，通过 C—C 键联结的木质素芳香环空间网络结构遭到了一定程度的破坏。

现代健康材在 1 269 cm^{-1} 处的吸收峰由木质素酚醚键 C—O—C 伸缩振动引起。古木出现在 1 267 cm^{-1} 处。古木在该处附近形成的吸收峰相对强度高于现代材。出土古木的 C—O—C 留存率为 77%，说明木质素苯环结构单元酚醚键结合的形式也遭到了一定程度破坏，但这种形式的破坏程度不及苯环与苯环之间的 C—C 联结破坏程度大（苯环与苯环之间的 C—C 官能团留存率为 63%）。

古木在 1 423 cm^{-1} 附近的吸收峰留存率为 63%，说明通过 C—C 键联结的木质素芳香环空间网络结构遭到了一定程度的破坏；古木在 1 269 cm^{-1} 附近的留存率为 77%，说明木质素苯环结构单元酚醚键结合的形式也遭到了一定程度破坏；古木在 1 319 cm^{-1} 附近的吸收峰很弱，且留存率为 50%，说明古木中原有的极少量紫丁香基结构单元以及紫丁香基与愈创木基的缩合也遭到了较大程度的破坏。

现代健康材在 897 cm^{-1} 处的吸收峰为纤维素的特征吸收峰，由纤维素 C—H 弯曲振动引起。地下淹埋环境中古木纤维素绝大部分降解流失，导致纤维素 C—H 官能团相对含量降低，受其他峰的覆盖影响，古木红外谱图中该峰未能显现。

现代健康材在 3 416 cm^{-1} 处的吸收峰是由羟基（—OH）伸缩振动引起的，古木在该处附近的吸收峰出现在 3 387 cm^{-1} 处，古木—OH 的留存率为 48%。通过前述 FTIR 分析，古木中纤维素、半纤维素绝大部分遭到降解，甚至纤维素和半纤维素特征吸收峰消失，但—OH 被部分保留了下来。这主要是因为纤维素大分子链的降解形成了许多纤维素短分子链，这些短分子链两端增加的羟基在一定程度上弥补了纤维素和半纤维素降解而损失的羟基。另外，本次 FTIR 分析实验在 7 月份进行，当时正是昆明空气湿润的时节，实验前样品虽经过烘干，但仍可能吸收空气中的少量水分而导致样品中羟基含量增大。

表 5-3　云南松饱水古木及现代健康材 FTIR 光谱特征频率及归属

古木素材 FTIR 光谱特征频率及归属				现代健康材 FTIR 光谱特征频率及归属				留存率/%
波数/cm^{-1}	官能团	吸光度	官能团归属说明	波数/cm^{-1}	官能团	吸光度	官能团归属说明	
3 387	O—H	0.511	O—H 伸缩振动	3 416	O—H	0.226	O—H 伸缩振动	48
2 935	—CH$_2$——CH$_3$	0.242	C—H 伸缩振动	2 922	—CH$_2$——CH$_3$	0.092	C—H 伸缩振动	56
				1 736	C=O	0.050	C=O 伸缩振动（半纤维素中乙酰基 CH$_3$C=O）	
				1 643	C=O	0.084	C=O 伸缩振动（木质素中的共轭羰基）	
1 603	C=C	0.253	苯环碳骨架振动（木质素）					
1 510	C=C	0.396	苯环碳骨架振动（木质素）	1 510	C=C	0.085	苯环的碳骨架振动（木质素）	100
1 460	C—HC=C	0.284	C—H 弯曲振动（纤维素、半纤维素和木质素中的 CH$_2$），苯环碳骨架振动	1 460	C—HC=C	0.088	C—H 弯曲振动（纤维素、半纤维素和木质素中的 CH$_2$），苯环碳骨架振动	69
1 423		0.276	苯环碳骨架结合 C—H 在平面变形伸缩振动	1 427		0.093	苯环碳骨架结合 C—H 在平面变形伸缩振动	63
1 369	C—H	0.199	C—H 弯曲振动（纤维素和半纤维素）	1 377	C—H	0.100	C—H 弯曲振动（纤维素和半纤维素）	43
1 325	C—CC—OC—H	0.199	愈创木基和紫丁香基的缩合，紫丁香基 C—O、CH$_2$ 弯曲振动	1 319	C—CC—OC—H	0.085	愈创木基和紫丁香基的缩合，紫丁香基 C—O、CH$_2$ 弯曲振动	50

(续)

古木素材 FTIR 光谱特征频率及归属				现代健康材 FTIR 光谱特征频率及归属				留存率/%
波数/cm^{-1}	官能团	吸光度	官能团归属说明	波数/cm^{-1}	官能团	吸光度	官能团归属说明	
1 267	C—O—C	0.395	木质素酚醚键 C—O—C 伸缩振动	1 269	C—O—C	0.109	木质素酚醚键 C—O—C 伸缩振动	77
1 221	C—C C—O	0.306	C—C 与 C—O 伸缩振动					
				1 159	C—O—C	0.140	C—O—C 伸缩振动（纤维素和半纤维素）	
				1 107	O—H	0.166	O—H 缔合吸收带	
				1 059	C—O	0.199	在仲醇和脂肪醚中的 C—O 伸缩振动	
1 032	C—O	0.472	C—O 伸缩振动（纤维素、半纤维素和木质素）	1 032	C—O	0.196	C—O 伸缩振动（纤维素、半纤维素和木质素）	52
				897	C—H	0.025	C—H 弯曲振动（纤维素）	
814	对二取代	0.070	甘露糖结构（针叶材）	810	对二取代	0.012	甘露糖结构（针叶材）	129

现代健康材在 1 107 cm^{-1} 处形成了羟基缔合吸收峰，而古木在该处的吸收峰消失，说明古木中缔合羟基的含量非常低，纤维素分子量的结晶结构遭到了很大程度的破坏。进一步验证了"5.2.2 结晶度及晶区尺寸分析"的测试结果。

现代健康材在 1 159 cm^{-1} 处的吸收峰为纤维素及半纤维素呋喃糖环的 C—O—C 伸缩振动吸收峰。古木中纤维素和半纤维素的严重降解，导致了该官能团相对含量降低，受其他峰的影响而在该位置未能形成吸收峰。

5.2.4 ^{13}C 固体核磁共振分析

结合图 5-3 和表 5-4 可以看出，约 148 ppm[①]（1）、134 ppm（2）和 114 ppm（3）附近都是木质素芳香核中碳原子的共振吸收，约 55 ppm（11）附近是木质素侧链甲氧基中的碳原子共振吸收。上述 4 处的峰强度都是 B>C>A，B（1/2/3/11）峰比 C（1/2/3/11）峰强度略高，但 B（1/2/3/11）峰明显高出 A（1/2/3/11）峰很多。首先，这说明和现代健康材相比，古木中木质素相对含量明显增高，即

---

① 1ppm＝0.001‰。

古木中多糖类物质遭到了严重降解。其次，这说明饱水古木外部和内部腐朽程度有差异，但不很大。

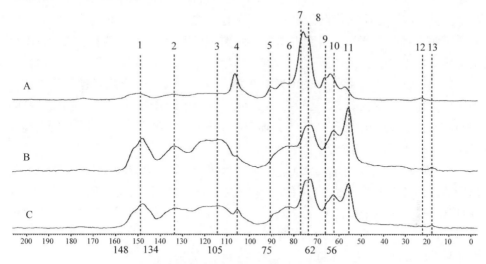

A—现代健康材；B—古木外部；C—古木内部

图 5-3　云南松古木和现代健康材固体核磁共振^{13}C 谱图

表 5-4　云南松古木和现代健康材固体核磁共振^{13}C 谱图化学位移及归属说明

编号	化学位移/ppm			归属说明
	A	B	C	
1	148.3	148.2	148.0	愈创木基木质素芳香核 C3 的共振吸收，G3 紫丁香基木质素芳香核 C3 和 C5 的共振吸收，S3/5
2	132.6	134.1	134.1	愈创木基木质素芳香核 C1 的共振吸收，G1
3	118.2	113.8	114.0	对羟苯基木质素芳香核 C3 和 C5 的共振吸收，H3/5
4	105.4		105.4	半纤维素甘露糖基 C1 的共振吸收
5	89.1			含水状态的纤维素结晶区中葡萄糖基中 C4 的共振吸收
6	82.8		82.0	未知
7	75.0			纤维素和半纤维素葡萄糖基 C2、C3 和 C5 共振吸收
8	73.0	72.9	72.8	纤维素和半纤维素葡萄糖基 C2、C3 和 C5 共振吸收
9	65.2			含水状态的纤维素结晶区中葡萄糖基中 C6 的共振吸收
10	62.8	62.6	62.6	半纤维素半乳糖基 C6 共振吸收
11	56.3	56.0	55.9	木质素侧链中甲氧基(—OCH$_3$)中的 C
12	21.6			半纤维素乙酰基中甲氧基上的 C 的共振吸收
13		17.7	18.0	未知

约 89.1 ppm(5)和 65.0 ppm(9)附近都是含水状态纤维素结晶区葡萄糖碳原子的共振吸收。从图 5-3 可以看出，两处峰强都是 A>C>B，在 A(5/9)处是两个明显的小峰，说明现代健康材纤维素存在一定的结晶区。在 C(5/9)和 B(5/9)处峰值已经完全消失，说明古木外部纤维素结晶度已经非常小，无法在图谱上显示。

约 105 ppm(4)、62 ppm(10)和 21 ppm(12)附近是半纤维素糖基或侧链碳原子的共振吸收。从图 5-3 可以看出，A(4)峰>C(4)峰>B(4)峰，其中 A(4)峰相对较高，C(4)峰已经变得很小，而 B(4)处峰值已经消失。这说明相比现代健康材，古木半纤维素降解十分严重。

约 75 ppm(7)和 73 ppm(8)附近是纤维素和半纤维素葡萄糖基碳原子的共振吸收。从图 5-3 可以看出，A(7/8)峰>C(7/8)峰>B(7/8)峰。其中 A(7/8)峰在现代健康材图谱中最高且明显高于其他吸收峰，说明多糖类物质在现代材中含量最高。C(7/8)峰和 B(7/8)峰高度相差不多，说明古木内部和外部腐朽程度相差不大。

5.2.5 SEM 微观构造分析

5.2.5.1 自然干燥状态下古木 SEM 微观构造

本项目饱水古木加固后预计采用自然干燥法。因此对自然干燥古木的微观构造观察十分必要。

从图 5-4(a)可以看出，海门口遗址饱水古木横切面早材细胞由于纤维素等化学成分的降解，自然干燥导致细胞壁已无法支持原有形态，发生严重变形。

从图 5-4(b)可以看出，自然干燥使古木晚材次生壁严重收缩，与胞间层脱离，胞间层保存相对完好。这正是古木在饱水状态下能够保持原来形状，但脱水后变形严重的原因。本实验虽使用自然干燥法，但还是采取了措施最大限度地减缓干燥速度，这在一定程度上减小了干燥应力。即使是这样，古木细胞还是发生如此严重的收缩变形，说明古木降解已十分严重。对大根古木进行加固时，浸渍完成后的干燥阶段，一定要最大限度地减缓干燥速度。

从图 5-4(c)可以看出，古木径切面细胞壁纹孔直径大，数量多，且纹孔膜已被破坏。木材渗透性与木材纹孔膜、数量及其半径大小密切相关。被破坏的纹孔膜为加固试剂进入古木细胞壁内部提供了良好的条件。预计加固浸渍时无须采用加压或真空的方法，常压即可。这样既可以避免压力对脆弱的古木细胞造成伤害，又可以降低加固成本，节约加固时间。

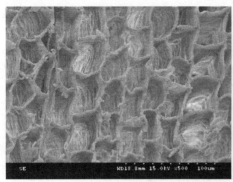 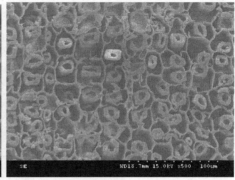

（a）横切面早材（500×）　　　　　　（b）横切面晚材（500×）

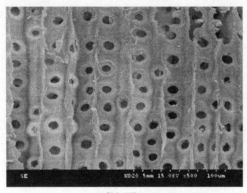

（c）径切面（500×）

图 5-4　自然干燥古木 SEM 微观构造

5.2.5.2　真空冷冻干燥状态下古木 SEM 微观构造

想要观察古木内部腐朽菌的状态，必须经过固定和无应力干燥等步骤。

（1）古木的细菌降解

通常只有在接近无氧的环境中，木材才会遭受细菌腐朽。海门口遗址饱水古木正是在饱水无氧的环境下腐朽的。

图 5-5(c)为贮存在古木中的细菌菌群。从图中可以看出这类细菌呈球体颗粒状，从外观不能确定其菌种。事实上，木材腐朽细菌菌种确定是十分困难的[66]。饱水古木内的细菌菌种是十分丰富的。欧盟 BACPOLES 项目中，学者们利用 DNA 技术对 26 个遗址的饱水古木细菌种类进行了鉴定，发现这些侵蚀细菌主要来自噬细胞菌属和黄杆菌属以及一些未知菌种[67]。结合前述化学成分分析可知，这几种细菌主要降解纤维素和半纤维素，推测它们也可以降解少量木质素。由于对木质素的降解能力有限，因此胞间层保存相对完好，呈连续完整的网络状。这正是古木在饱水状态下能够保持完整外形的主要原因。

图 5-5(b)为由于细菌降解而在细胞壁内留下的蜂窝状孔隙。图 5-5(d)从纵

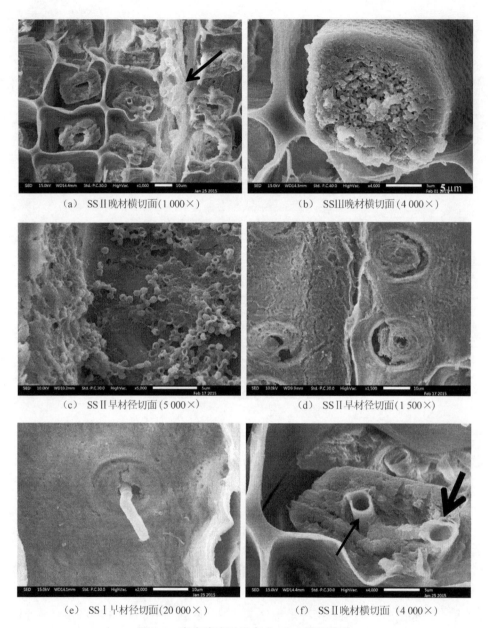

(a) SSⅡ晚材横切面(1 000×)　　　　(b) SSⅢ晚材横切面(4 000×)

(c) SSⅡ早材径切面(5 000×)　　　　(d) SSⅡ早材径切面(1 500×)

(e) SSⅠ早材径切面(20 000×)　　　　(f) SSⅡ晚材横切面(4 000×)

图 5-5　真空冷冻干燥古木 SEM 微观构造

切面观察古木内壁降解情况，古木细胞壁 S_3 层已经遭到破坏，内壁表层出现裂隙或小孔，细胞壁呈松散状。这些都是典型的细菌腐朽特征。从整体来看，古木内部这种形式的降解非常普遍。说明海门口遗址饱水古木主要受细菌降解。这与前人的研究是一致的：前人通过对饱水古木的研究发现其主要以细菌降解为主[68-70]。从图 5-5(d)还可以看出，由于试样采用真空冷冻干燥，干燥应力相对较小，纹孔膜虽遭到一定程度破坏，但未脱落，部分与纹孔相连。

(2) 古木的真菌降解

根据不同的腐朽模式，真菌腐朽通常分为软腐、褐腐和白腐。能够在饱水环境下生存的只有软腐真菌。通常软腐真菌主要来自子囊菌亚门(Ascomycotina)半知菌亚门(Deuteromycotina)[71]。软腐真菌通常在高湿低氧的环境下生存，如：木材与潮湿土壤接触的部分；木桩的地下部分；甚至是在饱水的古木中。由于这类真菌穿透能力差，多数仅发生在木材表面。降解严重时，通常木材表面颜色发黑；变软，呈糟烂状；轻轻刮即可刮脱。因此，这类真菌腐朽被形象地称为"软腐"。软腐真菌都属微型真菌，其子实体在肉眼下不可见。饱水古木中发现的真菌绝大多数属软腐真菌[72-73]。由于古木树种以及淹埋环境等因素的不同，导致菌种存在差异。因此，不同饱水古木的软腐形式也各不相同[74]。目前在饱水古木中发现的软腐真菌已达 444 种[75]。

图 5-5(a)箭头所指为贮存在射线薄壁组织中的真菌菌丝。试样中贮存在射线薄壁细胞中的真菌菌丝通常聚集成群。由于射线薄壁细胞中含有相对丰富的抽提物及淀粉等物质，推测这类软腐菌主要降解淀粉抽提物等物质，而对纤维素等细胞壁物质的降解较少。另外，在观察用于古木材种鉴定的未染色光学显微切片时，也发现了射线组织内成群的真菌菌丝，菌丝内含深色色素，且形态和资料中染色真菌菌丝高度相似，因此，推测聚集在射线组织中的菌丝属染色真菌。真空冷冻干燥 SEM 试样微观构造观察中，在 SSⅠ和 SSⅡ中发现有真菌菌丝。试样 SSⅢ、SSⅣ、SSⅤ中未见真菌菌丝。这说明真菌菌丝主要集中在古木外部灰黑色区域，也进一步证明了古木中的真菌包含了染色真菌。

图 5-5(f)细箭头所指为贮存在晚材管胞腔中的真菌菌丝。试样管胞中的真菌通常单个出现。图 5-5(f)粗箭头所指为进入管胞壁内沿着微纤丝走向侵蚀的真菌菌丝。在 SEM 观察的范围内，这种真菌菌丝少见。这说明古木内部存在少量的可以降解木材细胞壁物质的真菌菌丝。由于古木处于饱水缺氧状态，且真菌体形相对较小，因此降解细胞壁物质的真菌属软腐真菌。

图 5-6 所示的 SEM 试样材质疏松，用手轻轻按压即有明显压痕。古木内部(浅色部分)和外部(深色部分)材质在感官上差异不大。古木表层没有出现糟烂状，说明软腐程度较轻。图 5-5(e)所示为穿过管胞壁具缘纹孔的真菌菌丝。纹孔是真菌菌丝侵入细胞壁的途径之一，少部分软腐真菌菌丝也可以从细胞腔穿过 S_3 层侵入细胞壁内。

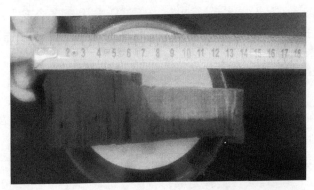

图 5-6　真空冷冻干燥法饱水古木 SEM 微观构造分析试样

5.2.6　TEM 微观构造分析

通常细菌腐朽木材细胞壁的形式被分为 3 类：表面腐蚀腐朽（erosion）、空穴腐朽（cavitation）和隧钻腐朽（tunnelling）[76]。在某些情况下，这 3 种模式彼此之间不易区分。也有学者认为不同腐朽模式只是由于腐朽程度不同造成的。从图 5-7 的几张 TEM 图中，可以看到或大或小典型的细菌腐朽残迹。

图 5-7(a) 为云南松现代健康材管胞在 TEM 下放大 10 000 倍的微观构造。图中管胞壁结构完整，表面平滑。S_3 层及胞间层颜色偏深。

图 5-7(b) 标"D"的区域为古木细胞壁降解区域（degradation），标"UD"的区域为未降解区域。从图中可以看出，即使是相邻的 3 段细胞壁，有的发生降解，而有的保存完好。发生降解的 2 段细胞壁降解程度也不相同。甚至在同一细胞内，部分细胞壁降解，部分细胞壁未降解。从降解痕迹看，主要为细菌降解。但不能排除木材细胞壁化学成分发生水解或光解的可能性。因此，降解痕迹主要以细菌为主，综合外力作用下形成。从图 5-7(b) 还可以看出胞间层保存完好。即使是在图 5-7(e) 和图 5-7(f) 降解较严重的细胞中，胞间层仍保存完好。木材壁层结构中胞间层木质素含量最高，说明细菌对木质素的降解能力有限，至少古木胞间层得以保存。

除了胞间层外，通常细胞壁 S_3 层是木质素含量相对较高的部位。从图 5-7(e) 和图 5-7(f) 可以看出，二者细胞壁 S_2 层降解都很严重。不同之处在于图 5-7(e) 中左上角细胞 S_3 层未降解，保存基本完好。图 5-7(f) 中右上角和左下角细胞壁 S_3 层已不存在，右下角细胞壁 S_3 层部分发生降解，箭头所指为典型的细菌空穴腐朽模式，即细菌在细胞腔内壁首先分解 S_3 层，然后侵入 S_2 层。

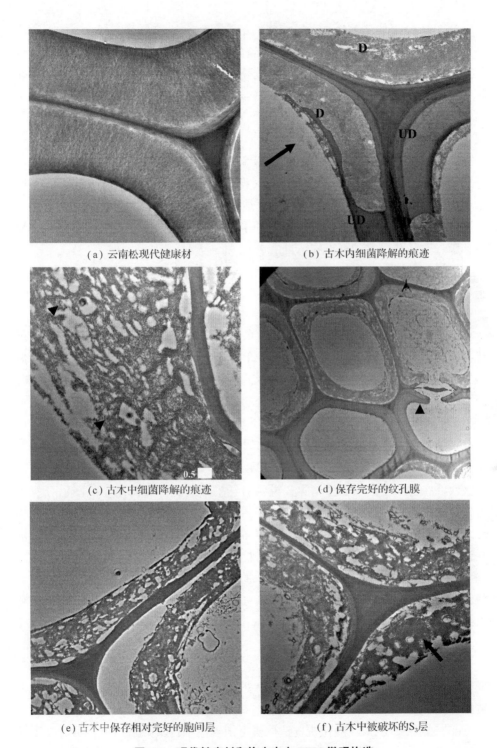

图 5-7 现代健康材和饱水古木 TEM 微观构造

图 5-7(d)更加清楚地展示了相邻的细胞间，有的被严重腐朽，有的保存完好。图中箭头所指为已降解细胞和未降解细胞之间的纹孔。纹孔中的纹孔膜保存完好。由于纹孔膜木质素含量相对较高，因此能够在一定程度上阻止细菌在相邻细胞间通过纹孔移动。但从前述 SEM 微观图中可知，古木纹孔部分被破坏（这应是以细菌为主，综合外力的作用下）。这为细菌通过纹孔侵入细胞壁内部或相邻细胞提供了更加便利的条件。

图 5-7(c)中箭头所指为侵入细胞壁 S_2 层的细菌。它可能从纹孔侵入，也可能从 S_3 层侵入。通过图右下角白色标尺衡量可以大致估算，饱水状态下古木细胞壁内的孔隙尺寸大概在几十甚至几百纳米之间。参考表 7-1：湿润状态下木材细胞壁内孔隙约 $1\sim10$ nm。进一步验证了前述推断：古木细胞壁内存在着大尺寸孔隙，这些孔隙大到可以容纳自由水。

5.3　本章小结

(1)从常规化学成分分析可知：饱水古木多戊糖含量(2.91%)明显小于现代健康材(13.23%)，说明饱水古木半纤维降解严重；饱水古木棕纤维素含量(42.94%)也小于现代健康材(78.38%)，说明古木纤维素含量也有大幅的降解，但降解程度不如半纤维素；由于多糖类物质的严重降解，饱水古木木质素含量(57.99%)高于现代健康材(30.48%)，但这只是相对提高。常规化学成分分析不能说明饱水古木木质素是否降解以及降解程度。

(2)从 FTIR 分析可知：甲基葡萄糖醛酸中乙酰基($CH_3C{=}O$) $C{=}O$ 伸缩振动吸收峰在古木图谱中完全消失，说明半纤维素遭到严重降解。从图谱分析还可知饱水古木木质素也发生了一定程度的降解，只是降解程度不及纤维素和半纤维素。现代健康材 FTIR 图谱在 1 107 cm^{-1} 处形成了羟基缔合吸收峰，而古木在该处则无峰。这说明饱水古木结晶度低于现代健康材。

(3)通过固体核磁共振分析可知：古木中多糖类物质降解严重，半纤维素降解尤其严重。木质素含量相对提高。这进一步验证了前述化学成分分析和 FTIR 谱图分析的结果。另外从核磁共振分析还可知，古木内部和外部腐朽程度有差异，但差异不大。

(4)通过 X 射线结晶度分析可知：饱水古木相对结晶度(5.35%)明显小于现代健康材(32.54%)，说明古木降解过程中的纤维素结晶区也遭到了严重破坏。

(5)通过 SEM 和 TEM 微观构造分析可知：饱水古木降解严重，早材细胞壁明显变薄，晚材细胞次生壁与胞间层完全分离。古木主要以细菌腐朽为主。古木内部也可观察到真菌，但推测真菌主要是变色真菌。极少量的软腐真菌也会降解细胞壁物质。腐朽造成的细胞壁孔洞尺寸在几纳米到几百纳米之间。古木细胞壁 S_2 层降解最严重；S_3 层大部分也发生降解，少部分保留；胞间层保存相对完整，呈连续网状。这是古木能够保持外部形态的主要原因。另外木材细胞壁纹孔膜绝大部分被破坏，增强了木材内部的通透性，预计常压下加固试剂便可以浸注到木材内部，无须采用高压或真空手段。这样节约成本的同时也避免了高压对脆弱古木细胞的破坏。

6 天然树脂加固法步骤及加固效果评价

6.1 氢化松香

6.1.1 氢化松香的来源

松香是以松树的分泌物——松脂为原料,通过不同加工方法得到的具有不同性质的一类混合物。松脂从化学成分来说,它是树脂酸溶解在萜烯中的一种溶液。松脂加工后可以得到松香(主要组分为树脂酸)和松节油(主要组分为萜烯)。按来源松香可分为3类:脂松香,用采割的形式收集松脂再加工提炼而成,其优点是能对松树连续采割,有利于资源的充分利用;木松香,是将树干或松根切碎,再用溶剂浸提,经加工提炼而成;浮油松香,来自木材制浆造纸工业,从硫酸盐制浆中回收的黑液经加工而得。

松香中的主要化学成分树脂酸(约占90%)属不饱和酸,含有共轭双键,对光、热、氧都不稳定,致使松香的耐老化性、耐候性差,很容易发生变色和粉化。鉴于树脂酸的不稳定性,可将部分或全部树脂酸被氢气饱和。树脂酸的分子式为 $C_{19}H_{29}COOH$,分子量 302.46;部分为氢所饱和树脂酸的松香称为二氢松香,或氢化松香,结构式为 $C_{19}H_{31}COOH$,分子量为 304.46。全部为氢所饱和树脂酸松香称为四氢松香,或全氢化松香,结构式为 $C_{19}H_{33}COOH$,分子量为 306.47。

6.1.2 氢化松香的性质

松香是一种比较复杂的混合物,不同种松树提取的松香化学成分基本相似,但相对含量有所不同。一般来说松香主要成分包括树脂酸（枞酸、海松酸）、少量脂肪酸、松脂酸酐和中性物等。其中树脂酸为松香的主要成分，约占85%～90%，分子式为$C_{19}H_{29}COOH$，分子量302.46。树脂酸是一类具有一个三环菲骨架的一元羧酸，骨架上包含两个双键。

由于树脂酸含有两个不饱的共轭双键，因此具有较强的反应性，故对光、热、氧较不稳定，表现出耐老化性差、耐候性不佳，松香外观为淡黄色至淡棕色，在空气中易氧化，色泽变深。

和松香相比，氢化松香具有颜色变浅，抗氧化性强，在光的作用下不易变色，脆性低，黏结性强，能长期保持弹性，溶解性好等特点。氢化松香无毒环保，在中国、日本、美国等国已被批准可在食品和医药工业中使用[77]。

松香的主要化学成分本身无毒，但在生产过程中有时会混入铅等重金属成分，以及氧化后产生的过氧化物会影响人体的健康。因此，应用于食品工业及中药中的松香，其成分中各类有毒物质的含量都必须符合相关标准。

6.1.3 氢化松香的应用

由于氢化松香特性优良，它被广泛用于食品、油墨、胶黏剂、橡胶、电子、医药等工业。氢化松香有两种应用形式，一种是直接应用，另一种是以酯的形式应用。下面简要介绍氢化松香的常见应用领域。

氢化松香的直接应用主要在以下领域：在电子工业，用普通松香生产的助焊剂，存在成膜性差、易黏手、易沉淀有刺激气味等问题。以电子工业级氢化松香为原料生产的助焊剂不仅克服了以上缺点，而且具有对电子元件不腐蚀、耐湿热、耐霉菌等优点；胶黏剂工业中，氢化松香作为增塑剂可用于生产热熔型胶黏剂和压敏胶黏剂；在口香糖生产中，食品级氢化松香可作为柔软剂和保香剂，增加口香糖的咀嚼次数；在医药工业中，氢化松香作为增黏剂可用来生产药膏；在化妆品工业中，氢化松香可用来生产液体唇膏；在涂料工业中，用氢化松香作为原料生产的汽车涂料，可以长期使用而不改变色泽；在造纸工业中，用氢化松香制成的纸张抗水性、耐光性好。

氢化松香以酯的形式加以应用主要在以下领域：在胶黏剂工业，作为增黏剂用于乳液型胶黏剂、溶剂型胶黏剂和热熔型胶黏剂的生产；在食品工业中，食品级氢化松香甘油酯可用来生产乳化香精，由乳化香精配制的饮料香味浓郁；在医药工业中，食品级氢化松香酯用来制成药片的包衣，起缓释作用，并且容易吞服[78]。

综合以上分析，氢化松香自身具有很强的疏水性。同时，松香会使木材中的游离羟基封闭，能够在很大程度上增强木材的阻湿能力[79-80]。这使得松香加固的古木既适合于干法保存又适合于湿法保存；松香中的酸酐基团还可与木材中的羟基发生化学反应，这种酯化反应可以提高木材的尺寸稳定性、天然耐久性及弯曲和拉伸等力学强度[81-82]。

6.2 紫胶

6.2.1 紫胶的来源及性质

紫胶虫在动物分类学上隶属于昆虫纲、同翅目、胶蚧科。在世界上主要分布于东南亚、印度及斯里兰卡，在中国分布于云南、西藏、广东、广西、福建、贵州、湖南、台湾等地区。紫胶虫是一种重要的资源昆虫，寄生在一些豆科树种上，如火绳树(*Eriolaena malvacea*)、思茅黄檀(*Dalbergia szemaoensis*)、钝叶黄檀(*Dalbergia obtusifolia*)、南岭黄檀(*Dalbergia balansae*)、木豆(*Cajanus cajan*)、合欢(*Albizia julibrissin*)等的树枝上，吸取植物汁液为生。雌虫通过腺体分泌出一种纯天然的树脂——紫胶[83]。

紫胶又称虫胶，是一种重要的化工原料，广泛地应用于多种行业。紫胶的主要组成物质为紫胶树脂，它还含有少量紫胶色素和紫胶蜡等物质。紫胶树脂是羟基脂肪酸和羟基倍半萜烯酸构成的酯和聚酯混合物，平均分子量为1 000，分子式可用 $C_{60}H_{90}O_5$ 表示[84]。紫胶树脂中能溶于乙醚的称软树脂，约占30%；不溶于乙醚的称硬树脂，约占70%。紫胶色素是蒽醌类化合物。紫胶蜡主要由 C^{28} 到 C^{34} 的偶数碳原子脂肪醇和脂肪酸组成。

漂白紫胶由紫胶经过碱液水洗过滤、次氯酸钠漂白、脱氯及水洗干燥等步骤制成。漂白紫胶呈淡黄色，相对于普通紫胶颜色更接近木材，更适合古木加固。

6.2.2 紫胶的应用

在日用化工领域，紫胶作为一种天然树脂可应用于高档牙膏[85]、指甲油[86]、洗发水及护发素[87]等产品中。

在食品工业方面，紫胶对人体无毒无刺激性，是一种天然的食品添加剂。由漂白紫胶制成的水果保鲜剂，既可使水果保持水分不散失，又可延缓腐烂[88-89]。紫胶还可用来制作可食性食品内包装膜[90]。

在医药方面，利用紫胶耐酸不耐碱的性质，可制成不溶于胃可溶于肠的肠溶性片剂包衣[91-92]。在口腔医学中，氟化紫胶是一种新型的牙齿抗敏剂。实验及临床应用证明氟化紫胶涂料能够明显降低牙齿渗透性，且对人体无毒无害[93]。

另外,紫胶还可应用于涂料工业、胶黏剂制造以及印刷工业[94]。

6.3 饱水古木

用天然树脂法加固的饱水古木采自海门口遗址已发掘的探坑中,共计62根。其中的61根有编号,加固后于剑川民俗博物馆进行展览。没有编号的1根用于加固效果测试分析。用于展览的61根古木的尺寸、重量及探坑编号等基本情况见附录A1。用于性能测试分析的古木采自于探坑AT2001,中间直径14.5 cm,长度65 cm,饱水质量9.1 kg,所属时期为中期,树种为云南松(*Pinus yunnanensis*)。它对于用于展示的61根加固古木具有一定的代表性。

6.4 加固试剂

(1)氢化松香:由湖南松本林业科技股份有限公司生产;型号SBHR-WW;枞酸含量≤2.5%,去氢枞酸含量≤10%;产品执行标准《氢化松香》(GB/T 14020—2006)。

(2)精制漂白紫胶:由昆明西莱克生物科技有限公司生产;产品执行标准《食品添加剂紫胶(虫胶)》(LY 1193—1996);产品规格22 kg/袋;生产日期2013年6月3日。

(3)无水乙醇:由广东光华科技股份有限公司生产;CAS号64-17-5;产品编号1.17113.483;规格CP160 kg。

(4)草酸:由通辽金煤化工有限公司生产;规格25 kg/袋。

6.5 天然树脂加固法的步骤

6.5.1 采样、编号、包装及运输

采样地点为大理剑川县海门口遗址。采样时间为2013年6月。由于当时正值雨季,探坑内积水很深,最深处可达2 m以上。采样前,先用抽水泵将探坑内的积水抽出一部分。待探坑内平均水位低于1 m时,采样工人身着防水裤进入探坑采样。采样探坑包括AT1901、AT2001、AT2004、AT2005、AT2104、AT2105、AT2106、DT1801、DT1802、DT1803,共10个探坑。采集上来的古木立即编号,编号规则为:探坑编号+采集顺序号。例如:在探坑DT1803中采集的第5根古木即编号为DT1803-5,如图4-2所示。然后将已编号的古木包装。由于古木已经松软,为了防止运输过程对古木造成损坏,先用包装泡沫包裹古

木，以起到缓冲和防止水分散失的作用；再用塑料棚膜包裹以防止水分散失；然后用胶带缠紧塑料棚膜；最后用草绳将古木一圈圈捆扎起来。将捆扎好的古木装车，立刻运输回昆明等待处理。图6-1为运输回昆明后放置在处理间等待处理的古木。

6.5.2 清洗、称重及测量

先将采集的61根饱水古木清洗干净，用软毛刷刷去古木表面及缝隙中的青苔和淤泥。待古木表面的水分稍微晾干，用游标卡尺测量古木的两端直径和中间直径，精确到0.05 cm；用

图6-1 待处理的饱水古木

卷尺测量古木的总长度、泥下尺寸和尖削尺寸，精确到1 mm；用电子天平称量古木的饱水质量，精确到0.05 kg。图6-2为古木清洗、测量和称重现场，图6-2(a)为工作人员正在用游标卡尺测量古木尺寸，图6-2(b)为工作人员正在用电子天平称量古木饱水质量。

（a）测量古木尺寸　　　　　　　　（b）称量古木饱水质量

图6-2 测量饱水古木尺寸及质量

6.5.3 编号牌制作

古木编号和采样时的编号一致。编号牌如图6-3所示。编号牌过塑密封，以防在处理过程中被处理液浸湿。用棉绳将编号牌拴在每一根对应的古木上。

图 6-3 饱水古木编号牌

6.5.4 杀菌

上述步骤完成后,将古木置于 3% 的甲醛溶液中浸泡 30 d,目的是杀死古木中残留的微生物。同时,甲醛溶液还有一定的脱色作用[95]。图 6-4 为浸泡在甲醛溶液中的古木。为了防止甲醛气体挥发对环境造成污染,处理槽用塑料棚膜密封。

图 6-4 浸泡在甲醛溶液中的饱水古木

6.5.5 脱色

用清水将古木表面的甲醛溶液清洗干净。在特制的加热槽内配制 2% 的草酸溶液,加热并保持在 60 ℃。图 6-5 为定制的古木脱色加热槽。将古木放入盛有 60 ℃ 的草酸溶液的加热槽中,约 3 min 后,见古木颜色明显变浅时将古木捞出。

图 6-6 为古木脱色前后颜色对比。图 6-6(a)为编号 AT2106-5 的古木脱色前效果,图 6-6(b)为该根古木脱色后效果。经过对比可以看出,脱色前古木呈棕黑色,脱色后颜色明显变浅,基本接近现代木材。

6.5.6 处理废弃的草酸溶液

加入石灰(氧化钙 CaO)将草酸溶液 pH 中和至 7.0,所产生的中性水即可排放。剩余的沉淀自然晾干呈固体后,可作为一般垃圾丢弃。

图 6-5 用于古木脱色的加热槽

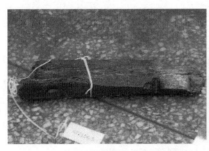

(a)脱色前古木颜色

(b)脱色后古木颜色

图 6-6 脱色前后古木颜色的对比

6.5.7 脱水

由于松香和紫胶不溶于水,易溶于乙醇。因此,要先用乙醇将饱水古木中的水分脱出。分 4 次脱水。第一次脱水用 50% 的乙醇溶液浸泡古木,脱水时间 15 d(第一次脱水结束乙醇溶液浓度 37%);第二次脱水用 99% 工业级乙醇浸泡,浸泡时间 20 d(第二次脱水结束乙醇溶液浓度 79.5%);第三次脱水用 99% 工业级乙醇浸泡,浸泡时间 30 d(第三次脱水结束乙醇溶液浓度 87.5%);第四次脱水用 99% 工业级乙醇浸泡,浸泡时间 40 d(第四次脱水结束乙醇溶液浓度 94.5%,此时,将古木浸泡在天然树脂乙醇混合溶液中,不会发生因水分含量过高而引起

图 6-7 浸泡在乙醇溶液中的古木

的树脂析出现象)。脱水时,每隔 3 d 用乙醇浓度计进行测量。当乙醇浓度不再下降,说明不再有水分从古木中溶出,可以进行下一次脱水。图 6-7 为浸泡在乙醇溶液中脱水的古木。为了预防火患,脱水期间用塑料棚膜将处理槽密封。处理室内配备灭火器,不相关人员禁止进入处理室。

6.5.8　配制天然树脂乙醇混合溶液

先将块状氢化松香砸碎,如图 6-8 所示。称量 1 184 kg 乙醇(99%工业级)倒入处理槽中,再称量 177.6 kg 氢化松香加入处理槽。用力搅拌后,再称量 118.4 kg 漂白紫胶倒入槽内。搅拌后静置。溶解后,紫胶质量分数为 8%,松香质量分数为 12%。由于氢化松香不会马上溶解,所以用塑料棚膜密封处理槽,待第 2 天完全溶解后,将天然树脂溶液平均放在 2 个处理槽中。

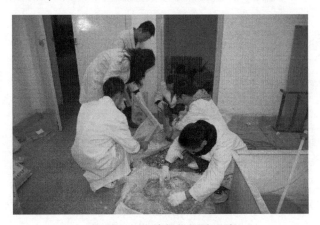

图 6-8　将大块氢化松香砸碎

6.5.9　浸渍

将脱水后的古木浸泡在配制好的天然树脂乙醇混合溶液中。用塑料棚膜将处理槽密封,以防止乙醇挥发造成的浸渍液流失和火灾隐患。浸泡时间约 100 d。浸泡期间,每 3~4 d 搅拌浸泡溶液 1 次,以保证处理槽内各处溶液浓度均一,古木浸渍充分。图 6-9 为泡在天然树脂乙醇混合溶液中的古木。

图 6-9　浸泡在天然树脂乙醇混合溶液中的古木

6.5.10　处理废弃的天然树脂乙醇混合溶液

处理完古木的天然树脂乙醇混合溶液可以留存待下次加固古木时使用；也可在大气状态下待乙醇自然挥发，将剩下的固体物质当做一般垃圾处理。

6.5.11　气干

浸渍完成后，将古木从浸渍液中捞出，放入另外的处理槽内气干。因为处理槽为铁质，为了防止处理槽氧化后铁锈影响加固古木外观，应先将用于干燥的处理槽底部及四壁用塑料棚膜贴覆，然后再将浸渍好的古木放入处理槽中。古木不能上下重叠，只能摆放一层。为了避免乙醇挥发过快而引起古木开裂，古木放置好后，应用塑料棚膜将处理槽密封。1 个月后，在处理槽的 4 个角将塑料棚膜掀开一点。2 个月后，将塑料棚膜拿开，让古木自然气干。图 6-10 为自然干燥状态下的天然树脂加固古木。

图 6-10　正在干燥的天然树脂加固古木

6.5.12 称重及测量

气干完成后,用游标卡尺测量古木加固后的两端直径和中间直径,用卷尺测量古木加固后的总长度、泥下尺寸和尖削尺寸,用电子天平称量加固古木质量。

图 6-11 为天然树脂加固法古木加固前后的对比。图 6-11(a)为刚从遗址采集还未加固的古木,古木泥下部分接近现代木材的颜色;泥上浸泡在水中的部分已经发生的严重碳化,颜色呈深黑色;泥上可接触空气的部分呈深棕色,且有明显纵向开裂。图 4-11(b)为天然树脂加固后的古木,古木通体颜色一致,基本接近现代健康材。

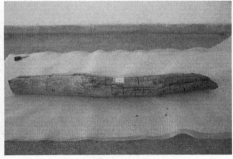

(a)加固前的古木　　　　　　　　(b)加固后的古木

图 6-11　天然树脂加固法古木加固前后对比

天然树脂加固古木外观接近现代健康材,力学强度及干缩等相关性能通过以下手段进行测试分析。

6.6　天然树脂加固法加固效果评价方法

6.6.1　加固干缩率、脱水干缩率和估算载药量实验

加固古木的加固干缩率、脱水干缩率和估算载药量不会对试样造成破坏,只在 61 根古木加固过程中测量尺寸和质量即可。因此,可以对每根加固古木测量以上指标。

6.6.1.1　加固干缩率

加固干缩率是指古木从加固前的饱水状态到加固完成后气干状态的干缩率,分为横向干缩率和纵向干缩率。由于测量加固古木横向尺寸时,无法区分径向和弦向,因此这里的横向干缩率包括了径向干缩率、弦向干缩率以及介于径向和弦向之间的干缩率。计算方法见式(6-1)。

$$\beta_{\mathrm{R}} = \frac{l_{\mathrm{BR}} - l_{\mathrm{AR}}}{l_{\mathrm{BR}}} \times 100\% \tag{6-1}$$

式中：β_{R}——横向加固干缩率或纵向加固干缩率(%)；

l_{BR}——古木加固前最大饱水状态时的中间直径或总长度(cm)；

l_{AR}——古木加固后气干状态时的中间直径或总长度(cm)。

为了评价加固古木的加固干缩率，用未加固古木和现代健康材从饱水状态至气干状态的气干干缩率作为对比。实验方法参照《木材干缩性测定方法》(GB/T 1932—2009)。

1) 试样制备

海门口遗址饱水云南松古木及现代云南松健康材。试样规格 20 mm×20 mm×20 mm，数量为 60 块。

2) 实验步骤

(1) 试样饱水：饱水过程参照 4.3.1.2 中步骤(1)。

(2) 测量饱水尺寸：饱水后，标出在每个试样各相对面的中心位置，并在标志位置测量试样的径向、弦向和纵向尺寸。测量过程中保持试样的湿材状态。

(3) 试样气干：将试样放在大气状态下自然气干。

(4) 测量气干尺寸：在标志位置测量气干试样的径向、弦向和纵向尺寸。

3) 计算结果

试样饱和至气干干缩率计算方法见式(6-2)。

$$\beta_{\mathrm{A}} = \frac{l_{\max} - l_{\mathrm{A}}}{l_{\mathrm{A}}} \times 100\% \tag{6-2}$$

式中：β_{A}——试样饱和状态至气干状态的气干干缩率(%)；

$l_{\max}$——试样饱水时的径向尺寸、弦向尺寸或纵向尺寸(mm)；

l_{A}——试样气干状态时的径向尺寸、弦向尺寸或纵向尺寸(mm)。

6.6.1.2 脱水干缩率

脱水干缩率是指古木从加固前饱水状态到乙醇脱水完成后饱乙醇状态的干缩率，分为横向干缩率和纵向干缩率。须对每根加固古木测量此指标。计算方法见式(6-3)。

$$\beta_{\mathrm{E}} = \frac{l_{\mathrm{BR}} - l_{\mathrm{AE}}}{l_{\mathrm{BR}}} \times 100\% \tag{6-3}$$

式中：β_{E}——横向脱水干缩率或纵向脱水干缩率(%)；

l_{BR}——古木加固前饱水状态的中间直径或总长度(cm)；

l_{AE}——古木乙醇脱水后饱乙醇状态的中间直径或总长度(cm)。

6.6.1.3 估算载药量

由于不能将每根古木都烘至绝干再计算其加固前和加固后的绝干质量，而只能用估算的含水率计算每根古木的载药量,因此称此指标为估算载药量。估算载药量的计算方法见式(6-4)。

$$R_t = \frac{m_{0AR} - m_{0BR}}{m_{0BR}} \times 100\% \quad (6-4)$$

式中：R_t ——古木估算载药量(%);
m_{0BR} ——古木加固前的绝干质量(kg);
m_{0AR} ——古木加固后的绝干质量(kg)。

前述4.4.1中选取了1根具有代表性的古木,测量其最大含水率为578.68%,这里将578.68%作为通用含水率来计算每根古木的绝干质量。古木加固前绝干质量计算方法见式(6-5)。

$$m_{0BR} = \frac{m_{maxBR}}{1 + W_{max}} \quad (6-5)$$

式中：m_{maxBR} ——古木加固前的饱水质量(kg);
W_{max} ——古木加固前的最大饱和含水率,取5.7868。

根据《锯材干燥质量》(GB/T 6491—1999)附录A"我国各地木材含水率的年估计值",昆明的木材年平衡含水率为13.5%。考虑到加固古木质量测量在12月份,为昆明市最干燥的月份,因此取10%作为加固古木通用气干含水率。古木加固后绝干质量计算方法见式(6-6)。

$$m_{0AR} = \frac{m_{\rho AR}}{1 + \rho} \quad (6-6)$$

式中：$m_{\rho AR}$ ——古木加固后的气干质量(kg);
ρ ——古木加固后的气干含水率,取0.1。

将式(6-5)和式(6-6)代入式(6-4)可得估算载药量简化公式,见式(6-7)。

$$R_t = \left(\frac{6.7868 \times m_{\rho AR}}{1.1 \times m_{max BR}} - 1 \right) \times 100\% \quad (6-7)$$

沉积在古木中的松香和紫胶质量计算方法见式(6-8)。

$$m_R = \sum_{i=1 \to 61} \frac{m_{max BRi} \times R_{ti}}{6.7868} \quad (6-8)$$

式中：m_R ——沉积在61根古木中总的松香和紫胶的质量(kg);
$m_{max BRi}$ ——第 i 根古木未加固前的最大饱水质量(kg);
R_{ti} ——第 i 根古木的估算载药量(%)。

6.6.2 基本密度和最大含水率实验

(1)试样制备

天然树脂加固古木。试样规格20 mm×20 mm×20 mm。

(2)实验步骤

基本密度测试方法参见 4.3.1.2;最大含水率测试方法参照 4.3.2.2。

6.6.3 饱和至绝干干缩率、绝干至饱和湿胀率实验

(1)试样制备

天然树脂加固古木。试样规格 20 mm×20 mm×20 mm。

(2)实验步骤

测试方法参照 4.3.4.2。

6.6.4 顺纹抗压强度实验

(1)试样制备

天然树脂加固古木。试样规格 20 mm×20 mm×30 mm,30 mm 为顺纹方向长度。

(2)实验设备及步骤

测试设备及方法参见 4.3.5.2 和 4.3.5.3。

6.6.5 表面接触角实验

(1)试样制备

天然树脂加固古木。试样制备方法参见 4.3.6.1。

(2)实验设备及步骤

测试设备及方法参见 4.3.6.2 和 4.3.6.3。

6.6.6 耐菌腐实验

6.6.6.1 试样制备

用于耐菌腐实验的木材有 3 种,分别是天然树脂加固古木、云南松现代健康材和用于验证的马尾松边材。截取试样圆盘,从髓心至边材截取试样。每种木材各截取 20 块试样。试样规格 20 mm×20 mm×10 mm,10 mm 为木材顺纹方向厚度。饲木采用马尾松边材,规格 22 mm×22 mm×5 mm,5 mm 为木材顺纹方向厚度。

6.6.6.2 实验菌种

本实验的菌种为密粘褶菌(*Gloeophyllum trabeum*),菌种编号 CFCC86617。

6.6.6.3 实验步骤

(1)配制培养液:将 200 g 土豆去皮、洗净、切块,放入 1 200 mL 过滤水中煮 20 min,然后用干净的纱布过滤。向滤液中加入 16 g 琼脂、18 g 葡萄糖,搅

拌溶解。

（2）培养试菌：将制得的培养液分装入几个 250 mL 的三角瓶中并封口，放入高压锅中蒸煮灭菌（压力 0.1 MPa，温度 121 ℃，时间 30 min）。待培养液冷却后，倒入培养皿中，再将购买的密粘褶菌种接到培养基上，密封后置于培养箱内（温度 28 ℃，相对空气湿度 75%）培养 7 d。

（3）配制河沙培养基：将具螺纹盖的 250 mL 广口圆盖瓶洗净，分别加入 75 g 干河沙（20~30 目）、7.5 g 马尾松边材锯屑（20~30 目）、4.3 g 玉米粉、0.5 g 红糖搅拌均匀后将表面刮平。将 2 块饲木放入瓶中，再向瓶内加入 50 mL 上述培养液。盖上螺纹盖，轻轻旋紧。注意不可将螺纹盖旋太紧，以便高温蒸汽能够进入。然后将圆盖瓶置于高压蒸汽灭菌器中灭菌（压力 0.1 MPa，温度 121 ℃，时间 1 h）。

（4）培养菌种：灭菌后，将圆口瓶取出，置于无菌工作台上，并用紫外灯照射杀菌。待圆口瓶整体冷却后，用无菌打孔器在培养皿上切取 5 mm 带有琼脂培养基的菌丝块，将菌丝块接入河沙培养基中间部位并植入培养基内部约 5 mm 深处。将接种后的圆口瓶置于培养箱内（温度 28 ℃，相对空气湿度 75%）培养 10 d。

（5）试样准备：将试样逐块编号，然后在烘箱内于 100 ℃下烘干 24 h。称量每块试样的质量 m_j（精确到 0.01 g）。然后将试样用多层纱布包好，置于蒸汽灭菌器内常压灭菌，时间约 30 min。

（6）试样菌腐：灭菌后，将试样置于无菌操作台上冷却，并用紫外光灭菌。待试样冷却后，将试样放入上述已长满菌丝的圆口瓶中的饲木上。每瓶 2 块。轻轻旋紧瓶盖。将圆口瓶置于培养箱中（温度 28 ℃，相对空气湿度 75%）培养 12 周。图 6-12 为实验完成后河沙培养基中的菌丝。

图 6-12　河沙培养基中的菌丝

(7)称重计算:将试样表面的菌丝用钝刀轻轻刮去,再将泥沙和锯屑用水清洗干净。然后在烘箱内于 100 ℃下烘干 24 h。称量每块试样重量 m_0(精确到 0.01 g)。计算每块试样菌腐后的质量损失率,最后取平均值。计算方法见式(6-9)。

$$L = \frac{m_j - m_0}{m_j} \times 100\% \qquad (6-9)$$

式中:L——菌腐试样质量损失率(%);

m_j——试样菌腐前的恒重质量(g);

m_0——试样菌腐后的恒重质量(g)。

6.6.7 抗流失实验

6.6.7.1 试样制备

天然树脂加固古木。试样规格 20 mm×20 mm×10 mm,10 mm 为木材顺纹方向厚度。

6.6.7.2 实验步骤

(1)将试样置于 100 ℃烘箱内烘干 24 h。恒重后将试样放入干燥器内冷却。待冷却后用电子天平称量。精确到 0.01 g。

(2)按每块试样配制 50 g 自来水的比例(为了使实验条件尽量接近加固古木实际保存条件,因此使用自来水而不用蒸馏水),将同一组试样(20 块)放入装有 1 000 mL 自来水的烧杯中,用玻璃培养皿将试样压入水中。将烧杯放入真空干燥箱内抽真空,相对真空度-0.09 MPa,保持 30 min。解除真空后,试样全部沉入水底。

(3)至第 7 天,将试样放入烘箱中烘干,恒重,称量。试样流失后质量损失百分率计算见式(6-10)。

$$L = \frac{m_j - m_0}{m_j} \times 100\% \qquad (6-10)$$

式中:L——试样质量损失率(%);

m_j——试样流失前的恒重质量(g);

m_0——试样流失后的恒重质量(g)。

(4)将试样浸泡入原来的自来水中,重复步骤(2)和(3)。直到最后 2 次计算结果之差不超过 0.2%,说明试样中的加固试剂已与自来水平衡,基本不再溶解。

6.6.8　天然树脂脱出实验

6.6.8.1　试样制备

试样规格 20 mm×20 mm×10 mm，10 mm 为木材顺纹方向厚度。共计 40 块试样。

6.6.8.2　实验步骤

(1)将试样置于 100 ℃烘箱中烘干 24 h。然后将试样放入干燥器内冷却。待冷却后用电子天平称量，精确至 0.01 g。

(2)按每块试样配制 10 mL 乙醇的比例，将 40 块试样全部放入装有 400 mL 乙醇的烧杯中，用玻璃培养皿将试样压入乙醇中。

(3)用乙醇浸泡 4 d 后将全部试样捞出，在大气状态下气干 1 d，然后放入烘箱内烘干，恒重，称重(时间约 2 d)。计算在乙醇浸泡下由于天然树脂脱出而导致的试样质量损失率，见式(6-11)。

$$L = \frac{m_j - m_0}{m_j} \times 100\% \qquad (6-11)$$

式中：L——试样质量损失率(%)；

m_j——乙醇浸泡前试样的恒重质量(g)；

m_0——乙醇浸泡后试样的恒重质量(g)。

(4)重复以上操作，直到试样的质量损失率不再发生明显变化，说明加固古木中的松香和紫胶已经基本全部脱出。

6.7　天然树脂加固法加固效果评价

6.7.1　加固干缩率、脱水干缩率和估算载药量

6.7.1.1　加固干缩率

加固干缩率是衡量古木加固效果的重要指标之一。加固干缩率越小，说明古木加固效果越好。加固干缩率偏大，则有可能在古木内部出现细小裂纹，降低古木加固强度，甚至可能在古木表面出现较大裂纹或收缩变形。附录 A2 列举出了 61 根天然树脂加固古木的加固干缩率。

本实验将加固古木的加固干缩率和未加固古木以及现代健康材的气干干缩率进行比较。加固干缩率和气干干缩率虽然都是从饱水状态到气干状态的干缩率，但加固干缩率是在每根加固古木上直接测量；气干干缩率是从相对具有代表性的饱水古木和现代健康材中各选择 1 根，将它们锯制成规格小试件进行测量。因此，二者测量方法不完全相同，不具有绝对的可比性，只能作为加固干

缩率的参考指标。将表6-1和表6-2进行综合分析可以得出以下结论：

（1）天然树脂加固古木横向加固干缩率为5.15%；未加固古木气干干缩率径向为5.70%，弦向为18.55%；现代健康材气干干缩率径向为1.81%，弦向为3.34%。根据加固古木外观形态，古木横向加固干缩率由径向收缩和弦向收缩共同决定，并且径向收缩所占比例相对较大。天然树脂加固古木横向加固干缩率小于未加固古木径向和弦向气干干缩率，也明显大于现代健康材径向和弦向气干干缩率。

（2）天然树脂加固古木纵向加固干缩率为1.68%；未加固古木纵向气干干缩率为9.78%；现代健康材纵向气干干缩率为0.13%。这说明加固古木纵向加固收缩明显小于未加固古木纵向气干干缩率。未加固古木纵向干缩率（9.78%）大于径向干缩率（5.70%），这有悖于常规木材干缩规律。而加固古木纵向干缩率（1.68%）明显小于横向干缩率（5.15%）。

（3）加固古木加固干缩率小于未加固古木气干干缩率，原因主要为以下2点：①松香和紫胶的浸入在很大程度上阻止了古木的干缩。②加固干缩过程蒸发的是极性相对较小的乙醇分子，且有人为干涉使乙醇蒸发速度大幅减缓；而气干干缩过程蒸发的是极性相对较大的水分子，且无人为干涉，任由其在大气状态下自然干燥。

表6-1　天然树脂加固古木脱水干缩率、加固干缩率和估算载药量　　单位:%

加固效果指标	统计值				
	平均值	最大值	最小值	标准差	变异系数
脱水干缩率（横向）	0.35	1.05	0.00	0.40	113.61
脱水干缩率（纵向）	0.14	0.59	0.00	0.20	141.43
加固干缩率（横向）	5.15	14.34	0.79	3.15	61.06
加固干缩率（纵向）	1.68	4.17	0.19	0.96	57.08
脱水干缩率比加固干缩率（横向）	6.80	7.32	0.00	12.70	186.06
脱水干缩率比加固干缩率（纵向）	8.33	14.15	0.00	20.83	247.78
估算载药量	81.43	147.66	46.40	24.55	30.14

表6-2　未加固古木和现代健康材气干干缩率　　单位:%

指标		平均值	最大值	最小值	标准差	变异系数
径向	饱水古木	5.70	7.66	3.36	1.43	25.09
	健康材	1.81	2.67	0.89	0.46	25.54
弦向	饱水古木	18.55	27.27	7.96	4.81	25.95
	健康材	3.34	4.37	1.86	0.73	21.74

(续)

指	标	平均值	最大值	最小值	标准差	变异系数
纵向	饱水古木	9.78	13.52	2.06	3.01	30.76
	健康材	0.13	0.31	0.00	0.10	75.33

靳海斌用十六烷醇处理3件安吉出土的饱水木俑(处理前高分别为497 mm、487 mm、377 mm；宽分别为150 mm、148 mm、125 mm；厚分别为58 mm、55 mm、47 mm；绝对含水率为370%)。然后将其置于通风处自然干燥。干燥完成后，3件木俑平均干缩率高度为0.4%，宽度为4.9%，厚度为1.3%[96]。

从表6-1可以看出不同古木间的加固干缩率相差较大，变异系数偏高。其中横向加固干缩率平均值为5.15%，最大值14.34%，而最小值仅为0.79%，变异系数高达61.06%；纵向加固干缩率平均值为1.68%，最大值为4.17%，而最小值仅为0.19%，变异系数高达57.08%。变异系数偏大主要是由于以下3点原因：

(1)不同古木间的腐朽程度不同。将附录A1与附录A2对应比较，发现腐朽严重的古木加固干缩率偏大，甚至有开裂变形。

(2)虽然测量方法一致，但不同个体间存在多方面差异：首先，每根加固古木尺寸大小不一，加固后古木最大直径达20.4 cm，最小仅为3.4 cm，最大长度达217 cm，最小长度为32 cm。其次，加固古木的材种虽以云南松为主，但也存在少量其他材种。另外，木材的密度、离地高度以及径向位置都会影响干缩率。

(3)加固古木形状不规则，测量过程中存在不可避免的误差，且误差较大。

6.7.1.2 脱水干缩率

天然树脂法加固古木须先用乙醇将饱水古木中的水置换出来。前期预备实验时，采用乙醇梯度脱水(脱水梯度为30%、50%、70%、90%、95%、100%)。在实际加固过程中，由于古木体积大，数量多，需要的乙醇量也较大。且古木脱水后还要考虑乙醇回收问题，为了节约成本，在饱水古木脱水环节只用了2个梯度的乙醇：50%和100%。这样就有可能在脱水环节导致古木产生收缩。在这样的情况下，测量古木的脱水干缩率就显得十分必要。

另外，由于松香和紫胶分子都比水分子大得多，在浸渍过程，高分子浸入古木的速度要滞后于水分子溶出古木的速度，这样也会导致古木的收缩。理论上可以把天然树脂加固古木加固干缩率分为3个部分：脱水干缩率、浸渍干缩率和干燥干缩率。由于浸渍方法只有一种，别无选择，因此无须考虑浸渍干缩率。但脱水干缩率占加固干缩率的比例，可以作为今后古木脱水方法制定的重要参考指标：若比例过大，下次的脱水环节应考虑增加乙醇的浓度梯度。

结合表 6-1 和附录 A2 可以得出以下结论：

(1)天然树脂加固古木横向脱水干缩率为 0.35%，占横向加固干缩率的 6.80%；纵向脱水干缩率为 0.14%，占纵向加固干缩率的 8.33%。这说明在乙醇脱水环节中古木产生一定的收缩，但脱水干缩率很小，占总的加固干缩率的不到 10%。若综合考虑加固成本(如果按预备实验中的梯度对古木进行脱水，需要的最低乙醇量为 3 090 kg，后期须回收的乙醇最少约 5 400 L；调整脱水方案后，实际乙醇使用量约 1 065 kg，后期须回收乙醇约 1 800 L)，现行方案是相对合理的脱水方案。

(2)横向脱水干缩率变异系数为 113.61%，纵向脱水干缩率变异系数为 141.43%，都较大。这主要是由于测量工具精度不够导致的。因为测量古木直径的游标卡尺只能精确到 0.5 mm，测量古木长度的钢卷尺只能精确到 1 mm。另外古木形状各异且不规则，使得人为操作误差偏大，是导致变异系数偏大的另一个原因。

6.7.1.3 估算载药量

估算载药量计算过程中涉及 2 个估计值：加固古木气干含水率和未加固古木最大含水率。加固古木气干含水率主要由空气湿度决定，因而不同的加固古木之间气干含水率大致相同。未加固古木最大含水率随着腐朽程度和材种等因素的变化而各不相同。因此，单根加固古木估算载药量可能会存在相对较大的偏差，而其平均值能相对准确地反映出加固古木的平均载药量。

从表 6-1 可以看出，天然树脂加固古木估算载药量平均值为 81.43%，即平均每 100 g 古木中大约沉积了 81.43 g 的松香和紫胶。

按公式(6-8)计算，沉积在古木中的天然树脂总质量为 73.67 kg。在加固浸渍环节，实际天然树脂的使用量为 296 kg(其中松香 177.6 kg，紫胶 118.4 kg，乙醇 1 184 kg)。因此，296 kg 的天然树脂的约 25% 浸入到了加固古木中。

6.7.2 最大含水率和基本密度

表 6-3 为天然树脂加固古木的基本密度和最大含水率。把这个值与未加固古木和现代健康材对比，可以得出更加清晰的信息。图 6-13 为天然树脂加固古木基本密度和最大含水率与未加固古木和现代健康材的对比。

表 6-3　天然树脂加固古木基本密度和最大含水率

指标	平均值	最大值	最小值	标准差	变异系数/%
基本密度/(g/cm^3)	0.23	0.29	0.19	0.02	8.53
最大含水率/%	367.56	448.44	242.59	45.40	12.35

从图 6-13 可以看出，未加固古木基本密度仅为 0.16 g/cm³，天然树脂加固古木基本密度为 0.23 g/cm³，现代健康材基本密度为 0.48 g/cm³。天然树脂加固后古木的基本密度明显增加，说明古木内部沉积了大量的氢化松香和漂白紫胶。天然树脂加固后古木基本密度仍不及现代健康材。但是基本密度的增加并不是我们的加固目的，它只能衡量加固剂浸入木材的多少。只有浸入古木细胞壁内部的加固剂才能够使古木物理力学强度增强，而沉积在古木细胞腔内的加固剂只会使古木基本密度增加，可以视为"无效浸入"。

从图 6-13 还可以看出，未加固古木最大含水率为 578.7%，天然树脂加固古木最大含水率为 367.6%，现代健康材的最大含水率为 139.6%。最大含水率反映了木材饱水状态时的内部孔隙率，最大含水率越高，说明木材饱和状态下孔隙率越大。天然树脂加固后古木最大含水率明显下降，进一步说明了古木内部的大量孔隙被松香和紫胶所填充。但加固后的古木最大含水率仍比现代健康材大，说明古木中由于化学成分降解而留下的孔隙在加固过程中并未被全部填充。

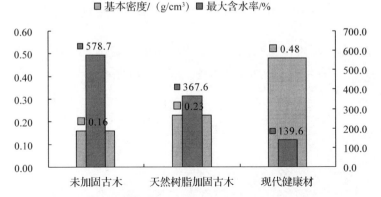

图 6-13 天然树脂加固古木基本密度和最大含水率的变化

6.7.3 饱和至绝干干缩率、绝干至饱和湿胀率

表 6-4 为天然树脂加固古木饱和至绝干干缩率(以下简称干缩率)及绝干至饱和湿胀率(以下简称湿胀率)测量结果相关值。图 6-14 为未加固古木、天然树脂加固古木、现代健康材干缩率(径向和弦向)及湿胀率(径向和弦向)的对比。

表 6-4　天然树脂加固古木干缩率和湿胀率　　　　　　　单位:%

指标		平均值	最大值	最小值	标准差	变异系数
干缩率	径向	2.47	4.15	1.23	0.65	26.32
	弦向	5.18	8.62	2.27	1.22	23.56
湿胀率	径向	2.12	3.41	1.33	0.55	25.92
	弦向	4.87	9.62	2.30	1.29	26.44

从图 6-14 可以看出,天然树脂加固古木径向和弦向干缩率以及径向和弦向湿胀率,都大幅度小于未加固古木,甚至小于现代健康材。例如:未加固古木弦向干缩率是天然树脂加固古木的约 4.8 倍,现代健康材弦向干缩率是天然树脂加固古木的约 1.5 倍。天然树脂加固古木干缩率和湿胀率明显减小说明了以下 2 点:

(1)前述分析可知,天然树脂加固古木基本密度的增大说明有松香和紫胶沉积在古木细胞内,但不能判断是沉积在细胞壁内还是沉积的细胞腔内。天然树脂加固古木干缩率和湿胀率的减小说明浸入古木内部的松香和紫胶大部分沉积在细胞壁内。因为沉积在细胞腔内的加固试剂,将不会对古木的干缩率和湿胀率产生任何影响。

(2)松香的强疏水性会封闭古木细胞壁中的大量游离羟基,赋予古木一定的阻湿能力。使得天然树脂加固古木的干缩率和湿胀率甚至小于现代健康材。

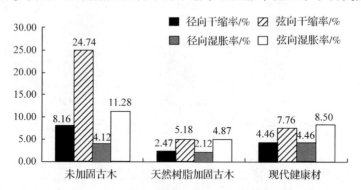

图 6-14　天然树脂加固古木干缩率和湿胀率的变化

表 6-5 为天然树脂加固古木干缩湿胀规律与未加固古木及现代健康材的对比。从表中数据可以看出,天然树脂加固古木干缩率与湿胀率的比值(径向和弦向)、弦向与径向的比值(干缩率与湿胀率)已经基本和现代健康材一致,和未加固古木相差较大。天然树脂加固古木干缩湿胀规律的变化主要表现在以下 2 点:

(1)未加固古木干缩率比湿胀率大很多,即未加固古木绝干后再重新吸水,有相当一部分体积不能完全恢复。而天然树脂加固古木干缩率与湿胀率比值径向约为1.2，弦向约为1.1，接近现代健康材（现代健康材干缩率与湿胀率的比值径向约为1.0，弦向约为0.9）。这说明天然树脂加固古木绝干后再重新吸水，体积基本能够恢复到绝干前尺寸。前述分析未加固古木出现这种状况的主要原因是细胞壁内存在由于降解而产生的大尺寸孔隙，这些大尺寸孔隙内部能够贮存自由水。用天然树脂加固后，古木细胞壁内大部分可贮存自由水的大尺寸孔隙被松香和紫胶所填充。古木细胞壁内大尺寸孔隙和自由水含量都大幅度减小。在古木干燥过程中，细胞壁主要发生的是吸着水的解吸，而自由水的蒸发只占一小部分。这样就不会大量发生古木细胞壁不可逆的干缩。

(2)未加固古木干缩率弦向与径向的比值约为3.0，天然树脂加固古木的这一比值约为2.1，现代健康材的这一比值约为1.7。木材弦向干缩率和湿胀率大于径向主要是由木射线对径向干缩湿胀率的牵制作用造成的。这说明天然树脂加固后，由于松香和紫胶对厚壁细胞的填充加固，木射线对加固古木径向干缩的牵制作用相对未加固古木不那么明显了，更接近现代健康材。

表 6-5 天然树脂加固古木干缩湿胀规律变化

指 标		未加固古木	天然树脂加固古木	现代健康材
干缩率与湿胀率的比值	径向	2.0	1.2	1.0
	弦向	2.2	1.1	0.9
弦向与径向的比值	干缩率	3.0	2.1	1.7
	湿胀率	2.7	2.3	1.9

6.7.4 顺纹抗压强度

表 6-6 为天然树脂加固古木含水率为12%时的顺纹抗压强度（以下简称顺纹抗压强度）和最大破坏载荷时压头的行程（以下简称压头行程）测量相关数值。从表中可以看出，天然树脂加固古木顺纹抗压强度变异系数为20.97%，明显大于前述现代健康材变异系数（9.15%），接近未加固古木变异系数（20.73%）。这主要是因为有些古木试件内部存在裂隙，使得试件在承受较小的力时便瞬间崩溃，而内部无裂隙的完好试件则能承受较大的顺纹压力。经天然树脂加固后，这些裂隙仍对古木的顺纹抗压强度存在较大影响，虽然整体抗压性能有所提高，但相对完整的试件，存在裂隙的试件仍然只能承受很小的力。因此，加固后古木的变异系数仍然较大。

表 6-6　天然树脂加固古木顺纹抗压强度和压头行程

指　　标	含水率/%	平均值	最大值	最小值	标准差	变异系数/%
顺纹抗压强度/MPa	11.19	16.70	22.66	4.26	3.50	20.97
压头行程/mm	11.19	2.14	3.10	0.98	0.53	24.58

图 6-15 为天然树脂加固古木的顺纹抗压强度和压头行程与未加固古木以及现代健康材的对比。从图中可以看出，天然树脂加固古木顺纹抗压强度为 16.70 MPa，较未加固古木有了一定程度的提高。但和现代健康材相比仍有一定的差距，仅为现代健康材的约 1/3。从图中还可以看出，天然树脂加固古木的压头行程为 2.14 mm，未加固古木的压头行程为 1.30 mm，现代健康材的压头行程为 1.52 mm。这说明加固后古木的顺纹弹性有了明显增强。

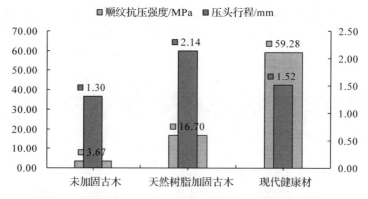

图 6-15　天然树脂加固古木顺纹抗压强度和压头行程的变化

综合分析，天然树脂加固古木顺纹抗压强度相比未加固古木有明显增强，加固古木在将来的运输、展示及贮存过程中无须承重，16.70 MPa 的顺纹抗压强度完全可以满足要求。同时，加固后古木的顺纹弹性明显增强，良好的弹性可以缓冲加固古木受到的外力冲击。因此这是一个比较令人满意的结果。

6.7.5　表面接触角

加固古木疏水性的好坏是衡量加固效果的重要指标之一。对于使用干法保存的加固古木，加固后古木疏水性增强，古木内部的水分含量无法满足真菌等微生物的生存和繁殖，从而提高了木材的耐久性[97]。如果使用湿法保存，渗入古木内部的松香等加固试剂由于强疏水性，很难被溶解出来，这样有利于古木的长时间保存。

图 6-16 为测量天然树脂加固古木三切面接触角抓拍图片。分析图片可以得出以下结论：

6 天然树脂加固法步骤及加固效果评价

将图 6-16 与前述图 4-6 比较可以看出,天然树脂加固后古木三个切面的接触角都明显增大。横切面从 0°增加到了 123°;径切面从 55°增加到 102°;弦切面晚材从 62°增加到 98°;弦切面早材从 48°增加到 95°。三切面接触角的大幅度增加说明天然树脂加固后古木的疏水性明显提高,甚至比现代健康材还要好。这是因为松香和紫胶都微溶于水,尤其是松香具有很强的疏水性,这种强疏水性赋予了天然树脂加固古木很好的憎水能力。因此天然树脂加固古木既适合于干法保存,又适合于湿法保存。

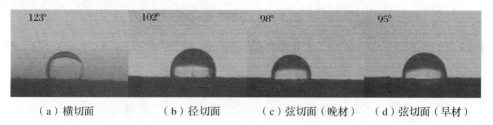

（a）横切面　　　（b）径切面　　　（c）弦切面（晚材）　　（d）弦切面（早材）

图 6-16　天然树脂加固古木三切面表面接触角

6.7.6　耐菌腐性能

由于古木中纤维素和半纤维素含量相对更低,阻止多糖类物质进一步降解就显得更加重要。因此在耐菌腐实验中选择了褐腐密粘褶菌。从表 6-7 中可以看出,用于验证的马尾松边材质量损失率为 43.44%,说明菌种培养成功,活性较好。云南松现代健康材菌腐后质量损失率为 22.26%,说明云南松也具有一定的天然耐腐性,属耐腐木材。天然树脂加固古木质量损失率为 6.41%。说明用天然树脂加固后,古木耐腐性明显增强。

表 6-7　天然树脂加固古木和现代健康材质量损失率　　　　　单位:%

指　　标	平均值	最大值	最小值	标准差	变异系数
马尾松边材质量损失率	43.44	52.04	35.13	4.73	10.96
云南松现代健康材质量损失率	22.26	25.37	21.29	1.65	7.41
天然树脂加固古木质量损失率	6.41	9.22	5.27	0.95	14.82

根据国家标准《木材耐久性　第 1 部分:天然耐腐性实验室实验方法》(GB/T 13942.1—2009)木材天然耐腐性等级评定标准如表 6-8 所示。天然树脂加固古木耐腐等级属"强耐腐性"。这为加固古木的贮存提供了良好的前提保障。

表 6-8 木材天然耐腐性等级评定标准

等级	质量损失率/%	耐腐评定
Ⅰ	0~10	强耐腐
Ⅱ	11~24	耐腐
Ⅲ	25~44	稍耐腐
Ⅳ	>45	不耐腐

天然树脂加固古木耐腐性强，主要是因为松香是一种天然耐腐剂，自身具有一定的抗菌性，可以提高木材的耐腐性。另外松香能够提高木材的阻湿能力，阻止木材吸收水分，使古木中的水分不足以支持微生物的生长。

6.7.7 抗流失性能

海门口遗址饱水古木加固后，展示时分为干法保存和湿法保存。干法保存即将加固古木直接在大气状态下保存；湿法保存即将加固古木完全浸没在水中保存。对于使用湿法保存的古木，浸入古木中的加固试剂对水的抗流失性能直接影响到保存效果。抗流失性差，加固古木中的试剂就有可能渗入水中，缩短了古木的保存年限，同时也会对保存环境造成一定程度的污染。

表 6-9 为天然树脂加固古木试样流失后的质量损失率。从表中可以看出，试样第 14 天的质量损失率比第 7 天的仅大了 0.02%，说明流失到第 7 天时，试样内部的加固试剂已经与水之间基本达到平衡，不再流失。

天然树脂加固古木在自来水中的质量损失率为 0.84%，和天然树脂加固古木估算载药量(37.46%)相比，说明浸入古木的天然树脂在自来水中只有极微小的一部分流失出来。天然树脂加固古木在湿法保存过程中，只有很少量的加固试剂流失到水中，不会因为加固试剂的流失而缩短保存时间。并且松香和紫胶都是无毒无害的天然树脂，流失到水中的这一小部分加固试剂，不会对周围的环境造成任何污染。

表 6-9 天然树脂加固古木试样流失后的质量损失率   单位:%

指　　标	平均值	最大值	最小值	标准差	变异系数
第 7 天，试样流失后的质量损失率	0.82	1.90	0.65	0.24	29.27
第 14 天，试样流失后的质量损失率	0.84	1.94	0.72	0.23	27.38

6.7.8 天然树脂脱出性能

每个遗址发掘的文物都具有唯一性和不可替代性。随着科学技术的发展，木质文物加固保护技术不断提高。对于已经加固保护的木质文物，当原有的加固试剂发生劣化不能继续支撑木质文物，或出现更先进的加固保护方法时，将原来浸入木质文物的加固剂脱出，采用新的加固保护方法是十分必要的。天然树脂法是一种可逆的加固方法。用甲醇或乙醇可以将已加固古木中的松香和紫胶重新溶解出来。

图 6-17 为天然树脂加固古木在乙醇浸泡中质量损失率随时间的变化。从图中可以看出，试样的质量损失率随着时间逐渐增加，但增加的速度逐渐减慢，到第 7 周时加固古木的质量损失率和第 6 周相比变化很小，说明此时古木中的天然树脂已经基本脱出干净。

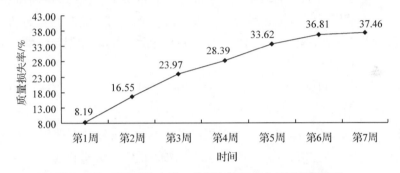

图 6-17　乙醇溶液中的天然树脂加固古木的质量损失率

图 6-18 为天然树脂加固古木在脱出实验后的 SEM 微观构造图片。将图 6-18 与图 6-1 比较，可以看出树脂未脱出时，古木细胞排列规则，细胞壁较饱满；脱出树脂后，古木细胞壁塌缩变形，且较未加固前变薄。将图 6-18 与图 5-4(a)比较，可以看出天然树脂脱出后，细胞形态基本接近未加固古木。树脂脱出未对古木细胞造成进一步破坏。

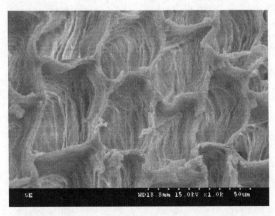

图 6-18　天然树脂加固古木脱出实验后 SEM 横切面早材微观构造

6.8 本章小结

(1)未加固古木为部分黑色或黑棕色。天然树脂加固古木相比未加固古木颜色明显变浅,接近现代健康材。

(2)天然树脂加固古木平均横向加固干缩率为5.15%;平均纵向加固干缩率为1.68%。明显小于未加固古木气干干缩率。天然树脂加固古木大部分未出现开裂变形现象,少部分严重腐朽古木有开裂变形现象。

(3)天然树脂加固古木平均横向脱水干缩率为0.35%,占横向加固干缩率的6.80%;平均纵向脱水干缩率为0.14%,占纵向加固干缩率的8.33%。说明用2个梯度的乙醇(50%、100%)对古木进行脱水产生的收缩很小。综合考虑脱水成本可以忽略不计。

(4)天然树脂加固古木估算载药量平均值为81.43%,即平均每100 g古木中大约沉积了81.43 g的松香和紫胶。

(5)天然树脂加固后,古木基本密度由原来的0.16 g/cm^{3}增加到0.23 g/cm^3;最大含水率由原来的578.68%减小到367.56%。说明有大量松香和紫胶浸入古木内部,使古木孔隙率减小。

(6)天然树脂加固古木的干缩率和湿胀率都明显减小,甚至要小于现代健康材。加固古木干缩后重新吸水仍能恢复到原来的体积。说明古木细胞壁内的大尺寸孔隙已经被树脂填充。

(7)经天然树脂加固后,古木顺纹抗压强度由原来的3.67 MPa增加到16.70 MPa;压头行程由原来的1.30 mm增加到2.14 mm。说明加固后,古木顺纹方向的抗压强度和弹性都有明显改善,这更有利于古木的运输、展示及贮存。

(8)天然树脂加固后,古木三个切面的接触角都明显增大,甚至大于现代健康材。说明松香和紫胶的浸入赋予了古木很强的疏水性。这样使加固古木既适合干法保存又适合湿法保存。

(9)耐菌腐实验中受密粘褶菌腐朽,天然树脂加固古木质量损失率为6.41%;云南松现代健康材质量损失率为22.26%。说明松香和紫胶赋予了古木很好的耐腐性,天然树脂加固古木属强耐腐木材。

(10)天然树脂加固古木抗流失实验中,古木在自来水中质量损失率仅为0.84%,这只占了浸入古木中的天然树脂极微小的一部分。且松香和紫胶都无毒无害,因此天然树脂加固古木湿法保存不会因加固试剂流失而缩短古木保存时间,也不会对周围环境造成污染。

(11)天然树脂脱出实验表明,将小规格试件放入乙醇中,每周置换乙醇,第 7 周可将试件中的松香和紫胶溶解干净。并且树脂脱出后,古木细胞未受进一步破坏。

7 天然树脂加固法加固机理分析

7.1 实验材料与方法

7.1.1 结晶度分析

(1)试样制备

天然树脂加固古木(为了具有可比性,所有结晶度测试试样取自同一块古木)、氢化松香、紫胶,制成可过200目筛子的木粉。

(2)实验设备及测量条件

参见5.1.2.2和5.1.2.3。

7.1.2 SEM微观构造分析

(1)试样制备

天然树脂加固古木。从古木髓心向外约2/3处取样。用莱卡滑走切片机专用刀片在加固古木气干状态下切取试样。试样规格约5 mm×5 mm×2 mm,分3个切面(横切面、径切面和弦切面)。

(2)实验设备及步骤

参见5.1.5.3和5.1.5.4。

7.1.3 FTIR分析

(1)试样制备

天然树脂加固古木、氢化松香、漂白紫胶,制成可过200目筛的木粉,气干,在室温下与KBr压片。

（2）实验设备

参见 5.1.3.2。

7.2 实验结果与讨论

7.2.1 结晶度分析

紫胶不会产生结晶现象，松香会产生结晶现象。但松香的结晶原理和木材不同。松香的结晶是由于其主要化学成分树脂酸在综合外力作用下分子定向排列形成的，结晶区和非晶区有明显的界限。纤维素分子链的结晶区和非晶区没有明显界限，是逐渐过渡的。因此，松香结晶是绝对的，纤维素结晶是相对的。

松香结晶后，熔点会升高。在造纸工业、油漆工业的生产过程中，对松香的溶解温度控制较低，不溶解的松香结晶颗粒会使纸面上会产生黄色斑点，油漆膜会因为松香结晶颗粒而不光滑。但在古木加固过程中，松香是溶解在乙醇中的，因此结晶对使用效果不会有影响。但是如果沉积在古木细胞壁孔隙中的松香有一定的结晶度且晶粒尺寸适当，会对加固古木的强度增强有一定的帮助。

图 7-1 为天然树脂加固古木和松香 2θ 衍射强度曲线。经 X 射线衍射仪测定及用 JADE6.5 程序拟合计算，用于海门口遗址饱水古木加固的氢化松香结晶度为 73.19%，平均晶区尺寸约 34.20 nm；天然树脂加固古木结晶度 41.41%，平均晶区尺寸约 34.24 nm；前述未加固古木结晶度为 5.35%，平均晶区宽度约 2.0 nm。这说明松香结晶度的引入，使天然树脂加固古木结晶度提高。但古木自身纤维素结晶度是否提高在此无法证明。

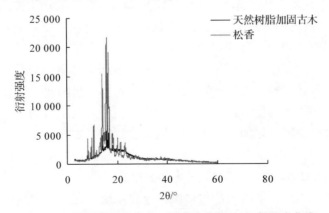

图 7-1 天然树脂加固古木、松香及紫胶 2θ 衍射强度曲线

木材细胞壁内的孔隙都在纳米量级。前人已经通过 SEM、TEM 及高分解能电子显微镜,对木材细胞及细胞壁内的纳米级孔隙进行了测量,健康木材细胞壁内孔隙尺寸见表 7-1[98]。通过前面分析可知,海门口遗址饱水古木纤维素、半纤维素都遭到了严重降解,甚至化学性质稳定的木质素也遭到了一定程度的降解。云南松现代健康材绝干孔隙率为 64.46%,海门口遗址云南松古木绝干孔隙率为 83.48%。孔隙率的提高是由于细胞壁新孔隙的产生和原有孔隙尺寸的增大。从表 7-1 可知,现代健康材细胞壁内的裂隙状孔隙直径通常为 1~10 nm。而天然树脂加固古木平均晶区尺寸达到 34.24 nm。进一步证明了饱水古木细胞壁内存在着至少能够容纳下天然树脂晶粒的大尺寸孔隙。相比普通松香颗粒,贮存在古木细胞壁内的松香晶粒,具有更强的力学强度,对古木力学强度、湿胀率等加固效果评价指标的提高有积极的促进作用。

表 7-1　木材细胞壁纳米孔隙尺度和形状

孔隙种类	平均直径/nm	形状
针叶材具缘纹孔塞缘小孔	20~8 000	网络状
针叶材单纹孔膜小孔	50~300	细管状
干燥状态下细胞壁中空隙	2~10	裂隙状
湿润状态下细胞壁中空隙	1~10	裂隙状
润胀状态下微纤丝间隙	2~4.5	裂隙状

7.2.2　SEM 微观构造分析

图 7-2(a)为天然树脂加固古木横切面 SEM 1 000 倍微观构造。与未加固古木 SEM 横切面微观构造相比,天然树脂加固古木的细胞壁不再塌缩,细胞腔更饱满,细胞排列更规则。这说明天然树脂浸入了古木细胞壁内,对细胞壁起到了一定的支撑作用。由于纤维素、半纤维素等多糖类物质的降解,使古木细胞壁内部出现了许多空隙。这些空隙是导致古木基本密度减小、顺纹抗压强度降低以及干缩变形严重的主要原因。加固处理后,浸入古木内的天然树脂填补了细胞壁内的部分空隙,增加古木重量的同时,也给了古木细胞壁一定的支撑作用。天然树脂使得古木的基本密度增大;顺纹抗压强度增加;干缩率和湿胀率明显减小,且干缩湿胀规律基本接近现代健康材。

海门口遗址饱水古木由于严重降解,导致木质素含量相对较高的胞间层也被部分破坏。从图 7-2(a)还可以看出,加固后古木部分胞间层处仍有较明显的微小裂隙。这说明松香和紫胶没有足够的黏性将相邻的两个细胞重新黏接在一起。这些细胞间微小的裂隙会导致木材顺纹抗压强度下降。

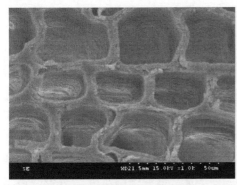
（a）横切面（1 000×）

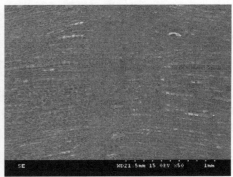
（b）横切面（50×）

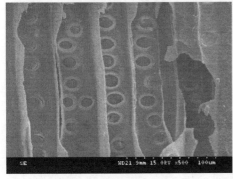
（c）径切面（500×）

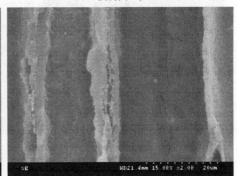
（d）弦切面（2 000×）

图 7-2　天然树脂加固古木 SEM 微观构造

图 7-2(b)为天然树脂加固古木横切面 SEM50 倍微观构造。图中少部分细胞腔内的白色反光填充物为天然树脂，说明浸入古木内部的天然树脂并不是完全沉积在细胞壁内的，也有少部分沉积在细胞腔内。由于木材的强度和干缩湿胀等性质基本是由细胞壁的状态决定的，因此沉积在细胞腔内的天然树脂对古木各项性能的优化几乎不会产生任何贡献，反而会使古木基本密度增加、强重比降低。但这部分树脂会阻塞古木内部系统的通透性，增大古木内部压力，增加加固古木的疏水性。

从图 7-2(c)可以看出，加固处理后古木内的大部分纹孔被天然树脂填充阻塞。加固后古木表面接触角明显增大，其中的主要原因之一就是纹孔堵塞，古木细胞腔内压力增大，使得水分难以从表面进入古木细胞内部。

从图 7-2(d)可以看出，加固古木细胞腔内壁贴附了一层厚厚的天然树脂。这部分天然树脂除了增加古木密度，降低古木强重比之外，不会对古木其他任何性质产生影响。因此可将贴附在细胞腔内的这部分天然树脂看做"无效浸入"甚至"负面浸入"。由于这种情况只占加固古木细胞很少的一部分，因此对加固古木造成的负面效果可以忽略。

7.2.3 FTIR 分析

结合图 7-3 和表 7-2 进行分析，可以得出以下结论：

紫胶和天然树脂加固古木在 3 400 cm^{-1} 附近是羟基振动吸收峰。紫胶中的羟基是从其成分中的羟基脂肪酸而来的，平均每个脂肪酸分子至少含有 5 个羟基。这说明紫胶也具有一定的吸水性。松香在此处无峰，证明了松香分子结构中不含羟基基团。另外由于 FTIR 分析实验是在较湿润时节进行的，且松香中含有羧基亲水基团，说明湿润条件下松香仍没有吸收空气中的水分。松香的憎水能力赋予了加固古木很好的疏水性和抗流失性。

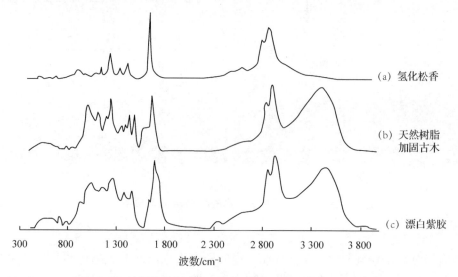

图 7-3 天然树脂加固古木、氢化松香、漂白紫胶 FTIR 谱图

2 900 cm^{-1} 和 2 860 cm^{-1} 附近的吸收峰为甲基(—CH$_3$)和亚甲基(—CH$_2$—)中的碳氢键(C—H)伸缩振动吸收峰。氢化松香的上述吸收峰出现在 2 930 cm^{-1} 和 2 869 cm^{-1} 处；天然树脂加固古木出现在 2 931 cm^{-1} 和 2 866 cm^{-1} 处；漂白紫胶的上述吸收峰出现在 2 930 cm^{-1} 和 2 861 cm^{-1} 处。

1 695 cm^{-1} 附近的吸收峰由羧基(—COOH)上的羰基(C=O)振动引起。天然树脂加固古木(1 695 cm^{-1} 处)、松香(1 695 cm^{-1} 处)和紫胶(1 695 cm^{-1} 处)在该处都有明显的吸收峰。这是因为松香树脂酸是一类具有三环菲骨架的一元羧酸，平均每个脂肪酸分子中含有一个羧基；紫胶的主要成分为酮酸和萜烯酸，平均每个紫胶分子中至少含有一个游离羧基。前述未加固古木和现代健康材在该处无峰。这是因为木材纤维素和木质素中不存在羧基；只有针叶材应压木半纤维素中可能含有少量聚半乳糖醛酸。上述分析说明天然树脂加固古木在 1 695 cm^{-1} 处的吸收峰，是由浸入古木中的松香和紫胶引入的羧基引起的。

表 7-2　天然树脂加固古木、氢化松香及漂白紫胶 FTIR 谱图特征频率及归属

类型	波数/cm^{-1}	官能团	吸光度	官能团归属说明
松香	2 930	—CH$_2$—、—CH$_3$	0.835 7	C—H 伸缩振动
	2 869	—CH$_2$—、—CH$_3$	0.643 1	C—H 伸缩振动
	1 695	C=O	1.075 9	羧基（—COOH）上羰基（C=O）的吸收峰
	1 463	C=O	0.251 5	醛基（—CHO）伸缩振动
	1 384	—CH$_3$	0.191 8	甲基—CH$_3$ 的伸缩振动
	1 278	O=C—O	0.421 9	羧酸上的碳氧键（=O—H）伸缩振动
天然树脂加固古木	3 419	O—H	0.182 7	O—H 伸缩振动
	2 931	—CH$_2$—、—CH$_3$	0.192 2	C—H 伸缩振动
	2 866	—CH$_2$—、—CH$_3$	0.138 4	C—H 伸缩振动
	1 695	C=O	0.161 8	羧基（—COOH）上羰基（C=O）的吸收峰
	1 510	C=C	0.105 4	苯环的碳骨架振动（木质素）
	1 461	C—H、C=C、C=O	0.102 8	C—H 弯曲振动（纤维素、半纤维素和木质素中的 CH$_2$），苯环的碳骨架振动，醛基（—CHO）上羰基（C=O）伸缩振动
	1 422	C—H	0.076 7	苯环上 C—H 在平面变形伸缩振动
	1 381	—CH$_3$	0.072 0	甲基的伸缩振动
	1 270	C—O—C	0.147 9	木质素酚醚键 C—O—C 伸缩振动
	1 032	C—O	0.134 5	C—O 伸缩振动（纤维素、半纤维素和木质素）
漂白紫胶	3 421	O—H	0.140 7	O—H 伸缩振动
	2 930	—CH$_2$—、—CH$_3$	0.170 1	C—H 伸缩振动
	2 861	—CH$_2$—、—CH$_3$	0.134 8	C—H 伸缩振动
	1 695	C=O	0.156 3	羧基（COOH）上羰基（C=O）的吸收峰
	1 639	C=O	0.065 7	醛基（—CHO）上羰基（C=O）伸缩振动
	1 463	C=O	0.089 6	醛基（—CHO）上羰基（C=O）的吸收峰
	1 381	—CH$_3$	0.086 0	甲基的伸缩振动
	1 263	—CH$_2$—	0.116 8	亚甲基摇摆振动吸收峰

紫胶在 1 639 cm^{-1} 处和 1 463 cm^{-1} 处各有 1 个小吸收峰，松香在 1 463 cm^{-1} 处也有 1 个吸收峰，是由醛基上的羰基（C=O）伸缩振动引起的。天然树脂加固古木在该处附近的吸收峰位于 1 461 cm^{-1} 处。前述未加固古木和现代健康材在 1 460 cm^{-1} 处都有 1 个小吸收峰，由 C—H 弯曲振动（纤维素、半纤维素和木质素中的—CH$_2$）和苯环的碳骨架振动引起。因此天然树脂加固古木在该处吸收峰，

是外来引入醛基和自身碳氢键振动叠加产生的。

天然树脂加固古木在 1 510 cm^{-1} 处吸收峰由自身苯环的碳骨架振动引起。1 422 cm^{-1} 处吸收峰由自身苯环上 C—H 在平面变形伸缩振动引起。

1 380 cm^{-1} 附近吸收峰由甲基(—CH$_3$)伸缩振动引起。天然树脂加固古木的该峰出现在 1 381 cm^{-1} 处；氢化松香的该峰出现在 1 384 cm^{-1} 处；漂白紫胶的该峰出现在 1 381 cm^{-1} 处。前述未加固古木在该处无峰。说明天然树脂加固古木在该处吸收峰由松香和紫胶引入。

漂白紫胶在 1 263 cm^{-1} 处有一亚甲基摇摆振动吸收峰。松香在 1 278 cm^{-1} 处有一羧酸上碳氧键伸缩振动吸收峰。前述未加固古木在 1 267 cm^{-1} 处有 1 个明显吸收峰，为木质素酚醚键(C—O—C)伸缩振动引起。天然树脂加固古木在 1 270 cm^{-1} 处有 1 个明显吸收峰，据前述分析应为上述 3 个峰的叠加效果。

天然树脂加固古木在 1 032 cm^{-1} 处的吸收峰由自身纤维素、半纤维素和木质素中的碳氧键(C—O)伸缩振动引起。

综合以上分析，天然树脂加固古木比未加固古木多出以下 3 个吸收峰：2 866 cm^{-1} 处为甲基(—CH$_3$)和亚甲基(—CH$_2$—)C—H 伸缩振动吸收峰；1 695 cm^{-1} 处为羧基上的 C=O 振动吸收峰；1 637 cm^{-1} 处为醛基上 C=O 振动吸收峰。以上 3 个吸收峰均是由松香和紫胶引入的官能团引起的。以上天然树脂加固古木 FTIR 图谱上出现的 3 个新的吸收峰，都是由加固试剂中相应基团引起的。因此，从图谱上不能说明松香和紫胶浸入到古木内部后，与古木某种成分发生化学反应从而生成了新的物质。

7.3 本章小结

(1)加固用氢化松香结晶度为 73.19%；天然树脂加固古木结晶度为 41.41%；前述未加固古木结晶度为 5.35%。这说明天然树脂加固古木结晶度的提高主要是由于松香结晶度的引入，在此无法证明古木自身纤维素结晶度是否有所提高。

(2)通过观察 SEM 微观构造可知，极少量松香和紫胶沉积在细胞腔内，绝大部分沉积在古木细胞壁内。加固后的古木细胞腔饱满，细胞壁也不再塌缩，细胞排列规则。这是天然树脂加固古木物理力学性能提高的主要原因。加固后古木细胞壁大部分纹孔被加固试剂阻塞，这不利于提高木材的疏水性。

(3)从 FTIR 图谱分析，不能证明氢化松香或漂白紫胶与古木中的某种化学成分发生反应从而生成了新的官能团。

8 壳聚糖加固法步骤及加固效果评价

8.1 壳聚糖

8.1.1 壳聚糖的来源

壳聚糖生产原料为甲壳素。甲壳素是一种天然高分子多糖类物质,主要存在于甲壳纲节肢动物(如虾、蟹等)、昆虫纲节肢动物(如蚕、蝗等的蛹壳中)、软体动物(如蜗牛、牡蛎、角贝等)、单细胞原生动物(如锥体虫、草履虫等)、海藻(主要是绿藻)以及部分真菌(如藻菌、子囊菌、担子菌等)中。甲壳素是地球上存量极为丰富的一种自然资源。在自然界中,甲壳素的生物合成量约为 $1 \times 10^9 \sim 1 \times 10^{11}$ t/年,是地球上数量仅次于纤维素的可再生有机资源[99]。工业上用于生产甲壳素的原材料是虾壳和蟹壳。

8.1.2 壳聚糖的分子结构和性质

甲壳素化学名称为(1,4)-2-氨基-2-脱氧-β-D-葡萄糖,或简称聚氨基葡萄糖。壳聚糖是甲壳素经脱乙酰反应后的产物。用浓碱溶液可以使甲壳素 2 位碳上的乙酰氨基脱乙酰而得到壳聚糖。壳聚糖的化学名称为 β-(1,4)-2-氨基-脱氧-D-葡萄糖。壳聚糖、甲壳素与木材纤维素的化学结构非常相似,呈直链状,极性强,易结晶。如图 8-1 所示,木材纤维素是由几百到几千甚至上万个吡喃型 D-葡萄糖残基,通过 1,4 位彼此以 β-甙链连接而成的聚合物。甲壳素是由几千个乙酰葡萄糖胺残基,通过 1,4 位彼此以 β-甙链连接而成的聚合物。因此,甲壳素与纤维素一样,分子间的强氢键作用使其形成了紧密的分子束。自然状态下存在于生活组织中的甲壳素就是以微纤丝的形式存在的,通常是包埋在蛋白质基质中,就像纤维素微纤丝包埋在半纤维素和木质素中一样。因此,甲壳素也被称为动物纤维素。

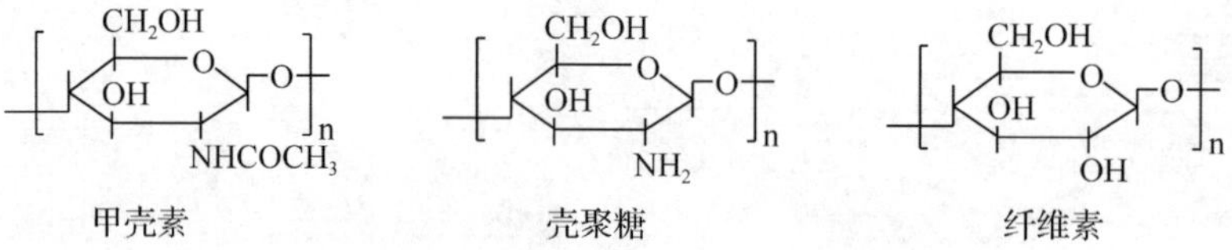

图 8-1 甲壳素、壳聚糖和木材纤维素的分子结构

通常人们认为当甲壳素脱乙酰度达到55%以上时即成为壳聚糖，因此，壳聚糖产品实际上是甲壳素和壳聚糖两种单体单元的共聚物[100]。壳聚糖工业品的脱乙酰度常为70%～90%。脱乙酰度越高，则壳聚糖溶解性越好。脱乙酰度小于70%的壳聚糖不能溶解于稀酸中或很难溶解；脱乙酰度大于90%的壳聚糖易溶于稀酸，但为了保证高分子量，其生产成本相对较高。

通过上述分析，说明壳聚糖与木材纤维素都是葡萄糖基缩合而成的链状大分子，彼此之间可以形成大量的氢键。并且由于同质物质之间的良好相容性，使得壳聚糖分子更容易填充进古木纤维素孔隙中[101]。

壳聚糖不溶于水，易溶于稀酸；化学稳定性较好；但吸湿性较强，遇水易分解。壳聚糖分子中质子化的—NH_3呈正电性，可以通过静电引力作用吸附细菌上的负电荷，干扰细菌合成细胞壁。壳聚糖还可进入细菌细胞内部，阻碍DNA复制，抑制细菌繁殖[102]。因此，壳聚糖溶液能够有效抑制细菌的生长及活性[103-106]。

在某些试剂中，壳聚糖分子可以通过氢键相互交联，具有很好的成膜性。壳聚糖还具有很好的生物相容性和生物降解性。壳聚糖及其降解产物易被人体吸收，且无毒副作用。

8.1.3 壳聚糖的应用

由于壳聚糖具有很好的抗菌性，常被用于水果、海产及腌制食品的保鲜剂[107]。

利用壳聚糖的成膜性，还可以生产可食膜。可食膜即直接与食品接触且可以与食品一起使用的包装膜。以壳聚糖为原料生产的可食膜具有优良的力学性能、气体选择透过性、耐水性等。与食品一起食用还可改善食品的口感，甚至起到一定的保健作用[108]。

由于壳聚糖具有良好的生物相容性、生物降解性、广谱抑菌性等，在医用领域，壳聚糖纤维可用于创面敷料、体内可降解缝合手术线及止血类产品等的制备[109]。在卫生领域，已经将壳聚糖应用于高端卫生巾、纸尿裤和湿巾等的制备。在纺织领域，开发了壳聚糖纤维与棉、毛、羊绒等混纺的各种高档贴身内衣面料[110]。壳聚糖类功能性食品具有排除人体多余胆固醇、降血糖、降血压、强化肝脏机能、促进胃肠道蠕动以及清除体内自由基等功能[110]。

在木材工业领域，壳聚糖主要用于木材防腐[112-113]、木材染色[114]、木材涂饰、表面处理[115-116]及木材胶黏剂制备[117]等方面。

8.2 饱水古木

用于壳聚糖法加固的饱水古木采自海门口遗址已发掘的探坑中，共计 21 根。其中的 20 根有编号，加固后运输回剑川民俗博物馆展览。没有编号的 1 根古木加固后用于性能测试分析。用于展览的 20 根古木的尺寸、重量及探坑编号等基本情况见附录 B1。用于性能测试分析的古木采自于探坑 AT2001，中间直径 13.4 cm，长度 67 cm，饱水质量 11.6 kg，所属时期为中期，树种为云南松。这根古木对于用于展示的 20 根加固古木具有一定的代表性。

8.3 加固试剂

（1）壳聚糖：由上海源叶生物科技有限公司生产；CAS 号为 912-76-4；产品货号为 YY11160；脱乙酰度>90%。

（2）冰乙酸：由天津市风船化学试剂科技有限公司生产；产品规格为分析纯；冰乙酸含量≥99.5%。

（3）草酸：由通辽金煤化工有限公司生产；规格为 25 kg/袋。

8.4 壳聚糖加固法的步骤

8.4.1 采样、包装及运输

参见 6.5.1。

8.4.2 清洗、称重及测量

参见 6.5.2。

8.4.3 编号

参见 6.5.3。

8.4.4 杀菌

参见 6.5.4。

8.4.5 脱色

参见6.5.5。

8.4.6 处理草酸废液

参见6.5.6。

8.4.7 配制壳聚糖溶液

先根据浸渍容器的形状、容积和加固古木的数量、体积估算所需的壳聚糖溶液用量，以壳聚糖溶液液面略高出古木为准，避免浪费。图8-2中的不锈钢桶为溶解壳聚糖的容器，由于容器的容积有限，所以分3次溶解。每次将1 kg冰乙酸加入100 kg自来水中，搅拌至溶解，再加入1.55 kg壳聚糖，用力搅拌至溶解。3次共用自来水300 kg，冰乙酸3 kg，壳聚糖4.65 kg。配制好的溶液的壳聚糖浓度为1.5%，冰乙酸的浓度为1%。刚配制好的壳聚糖溶液呈半透明黏稠状，颜色微黄（图8-2）。

图8-2 用于加固古木的壳聚糖溶液

8.4.8 浸渍

用清水把残留在古木表面的草酸清洗干净。然后将古木摆在浸渍槽内，尽量排列整齐以减少古木间的空隙。将21根古木全部放置好后，将壳聚糖溶液倒入浸渍槽。然后用塑料棚膜将浸渍槽密封，以免槽内水分挥发。图8-3为已经浸泡在壳聚糖溶液中的古木，正准备用塑料棚膜密封。浸泡时间约200 d，为了使壳聚糖充分浸入古木内部，期间每隔3~4 d用木棍搅拌溶液1次。

图 8-3　刚刚浸渍在壳聚糖溶液中的古木

8.4.9　气干

图 8-4 为浸渍完成后的壳聚糖溶液，从图中可以看出浸渍后的壳聚糖溶液少部分呈凝胶状态。将古木取出，清洗掉其表面的壳聚糖，然后气干（图 8-5）。气干过程参见 6.5.11。

图 8-4　浸渍完成后的壳聚糖溶液

8.4.10　处理壳聚糖酸性废液

向使用完的壳聚糖溶液中加入石灰（氧化钙 CaO）将其 pH 中和至 7.0，所产生的中性水即可排放。剩下的沉淀经自然干燥呈固体后当做一般垃圾处理。图 8-6 为加入石灰排除水分后，放置一段时间已经凝固的壳聚糖。

图 8-5　干燥中的壳聚糖加固古木　　　　图 8-6　凝胶状态的壳聚糖

8.4.11　称重及测量

参见 6.5.12。图 8-7 为编号 DT1802-6 的饱水古木用壳聚糖法加固前后的对比。从图中可以看出，经壳聚糖加固后，古木的颜色明显变浅，接近现代健康材材色，且加固古木无开裂。

（a）加固前的古木　　　　　　　　　（b）加固后的古木

图 8-7　壳聚糖加固法古木加固前后对比

8.5　壳聚糖加固法加固效果评价方法

8.5.1　加固干缩率和估算载药量实验

壳聚糖加固法古木加固干缩率实验及计算方法按 6.6.1.1 进行。估算载药量实验及计算方法按 6.6.1.3 进行。

8.5.2 基本密度和最大含水率实验

(1)试样制备

壳聚糖加固古木。试样规格 20 mm×20 mm×20 mm。

(2)实验步骤

基本密度测试方法参见 4.3.1.2；最大含水率测试方法参照 4.3.2.2。

8.5.3 饱和至绝干干缩率、绝干至饱和湿胀率实验

(1)试样制备

壳聚糖加固古木。试样规格 20 mm×20 mm×20 mm。

(2)实验步骤

参见 4.3.4.2。

8.5.4 顺纹抗压强度实验

(1)试样制备

壳聚糖加固古木。试样规格 20 mm×20 mm×30 mm，30 mm 为顺纹方向厚度。

(2)实验设备及步骤

参见 4.3.5.2 和 4.3.5.3。

8.5.5 表面接触角实验

(1)试样制备

壳聚糖加固古木。具体的试样制备方法参见 4.3.6.1。

(2)实验设备及步骤

参见 4.3.6.2 和 4.3.6.3。

8.5.6 耐菌腐实验

(1)试样制备

壳聚糖加固古木。具体的试样制备方法参见 6.6.6.1。

(2)实验步骤

参见 6.6.6.3。

8.5.7 抗流失实验

(1)试样制备

壳聚糖加固古木。

(2)实验步骤

参见 6.6.7.2。

8.6 壳聚糖加固法加固效果评价

8.6.1 加固干缩率和估算载药量

8.6.1.1 加固干缩率

将表 8-1 与前述表 6-2 进行比较可以看出,壳聚糖加固古木横向加固干缩率为 9.13%,小于未加固古木弦向气干干缩率(18.55%),大于未加固古木径向气干干缩率(5.70%)。壳聚糖加固古木纵向干缩率为 6.70%,小于未加固古木纵向气干干缩率(9.78%)。这说明加固古木内部沉积的壳聚糖在很大程度上阻止了古木的收缩。

将表 8-1 与前述表 6-1 比较还可以看出,壳聚糖加固古木的加固干缩率比前述天然树脂加固古木(横向 5.15%,纵向 1.68%)明显偏大,除了加固试剂不同之外,主要由以下 2 点原因造成:

(1)壳聚糖加固古木载药量小于天然树脂加固古木。天然树脂加固古木估算载药量为 81.43%,而壳聚糖加固古木估算载药量只有 21.75%。说明壳聚糖加固古木孔隙率要大于天然树脂加固古木孔隙率,这导致壳聚糖加固古木在干燥过程中更容易收缩。

(2)天然树脂的溶解试剂为乙醇,壳聚糖的溶解试剂为水。乙醇分子的极性明显小于水分子,在干燥过程中干燥应力相对更小。

表 8-1 壳聚糖加固古木加固干缩率和估算载药量 单位:%

指　标	平均值	最大值	最小值	标准差	变异系数
横向加固干缩率	9.31	13.58	3.20	2.37	25.40
纵向加固干缩率	6.70	10.42	2.41	1.98	29.53
估算载药量	21.75	35.18	13.90	5.40	24.82

虽然壳聚糖加固古木加固干缩率大于天然树脂加固古木,但用壳聚糖加固的古木尺寸都相对较小,饱水状态下最长的只有 87 cm,中间直径最大为 17.1 cm。因此,壳聚糖加固古木绝大部分无开裂变形现象。

8.6.1.2 估算载药量

从表 8-1 可以看出,壳聚糖加固古木估算载药量为 21.75%,即平均每 100 g 的绝干古木沉积了 21.75 g 的加固试剂(壳聚糖和冰乙酸)。

根据公式(6-8),沉积在加固古木中的加固试剂(壳聚糖和冰乙酸)的总质量约 2.78 kg。加固过程中加固试剂的实际使用量为 7.65 kg(其中：壳聚糖 4.65 kg，冰乙酸 3 kg)。因此，7.65 kg 的加固试剂中约有 36%沉积在加固古木中。

8.6.2 基本密度和最大含水率

表 8-2 为壳聚糖加固古木的基本密度和最大含水率，图 8-8 为壳聚糖加固古木基本密度和最大含水率与未加固古木、现代健康材的对比。

表 8-2 壳聚糖加固古木基本密度和最大含水率

指 标	平均值	最大值	最小值	标准差	变异系数/%
基本密度/(g/cm³)	0.36	0.44	0.27	0.04	11.85
最大含水率/%	200.00	293.65	143.60	33.66	16.83

从图 8-8 可以看出未加固古木基本密度为 0.16 g/cm³，壳聚糖加固古木基本密度为 0.36 g/cm³，现代健康材基本密度为 0.48 g/cm³。壳聚糖加固后古木基本密度增加到了原来的约 2.3 倍，说明壳聚糖分子可以渗入并沉积在古木内部，并且浸入古木内部壳聚糖的量较大。

前述天然树脂加固古木估算载药量为 81.43%，而壳聚糖加固古木估算载药量只有 21.75%，但壳聚糖加固古木基本密度(0.36 g/cm³)却大于天然树脂加固古木基本密度(0.23 g/cm³)。由此推测这根被壳聚糖加固的古木在未加固时密度就高于 0.16 g/cm³。这说明用于性能测试分析的 4 根古木(未加固古木、天然树脂加固古木、壳聚糖加固古木、酚醛树脂加固古木)虽然都出自中期，且直径、长度、质量和目测腐朽程度相差不大，但实际仍存在一定的个体差异。

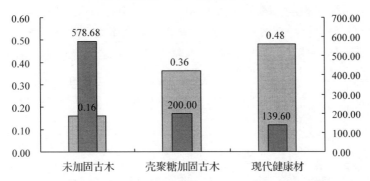

图 8-8 壳聚糖加固古木基本密度和最大含水率的变化

从图 8-8 还可以看出，未加固古木最大含水率为 587.68%，壳聚糖加固古木最大含水率为 200.00%，现代健康材最大含水率为 139.60%。加固后古木最大含水率的大幅度减小说明了，古木细胞壁中由于多糖的降解而造成的孔隙绝大部分被壳聚糖所填充；但聚壳糖加固古木最大含水率仍是现代健康材的约1.43倍，除了种内个体密度的差异，更主要的是因为壳聚糖并没有将降解形成的细胞壁孔隙全部填充。

8.6.3 饱和至绝干干缩率、绝干至饱和湿胀率

表8-3为壳聚糖加固古木饱和至绝干干缩率(以下简称干缩率)和绝干至饱和湿胀率(以下简称湿胀率)测量结果相关值。图8-9为壳聚糖加固古木干缩率(径向和弦向)、湿胀率(径向和弦向)和未加固古木、现代健康材的对比。

表8-3 壳聚糖加固古木干缩率和湿胀率 单位:%

指标		平均值	最大值	最小值	标准差	变异系数
干缩率	径向	2.61	3.87	1.60	0.69	26.35
	弦向	5.79	8.05	4.05	1.33	23.04
湿胀率	径向	3.02	4.21	1.96	0.74	24.54
	弦向	6.23	9.13	4.36	1.61	25.78

从图8-9中可以看出，壳聚糖加固古木干缩率及湿胀率都大幅度小于未加固古木，甚至比现代健康材还要低些。例如：未加固古木弦向干缩率为24.74%，壳聚糖加固古木弦向干缩率为5.79%，现代健康材弦向干缩率为7.76%。分析其原因：古木中由于多糖降解而产生的孔隙被壳聚糖填充。壳聚糖是一种动物纤维素，分子结构与木材纤维素相似，呈直链状，其结构单元上含有易吸水的羟基。在加固古木细胞壁水分的吸着和解吸过程中，细胞壁孔隙中壳聚糖的干缩率和湿胀率可以和木材中的多糖类物质大致保持一致。但壳聚糖的吸湿性不及木材的纤维素和半纤维素。因为壳聚糖葡萄糖基含有2个羟基；而木材纤维素葡萄糖基含有3羟基；木材半纤维素是无定形物，具有分枝度，

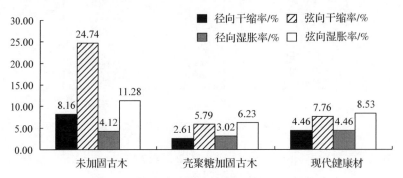

图8-9 壳聚糖加固古木干缩率和湿胀率变化

主链和侧链上含都有较多羟基、羧基等亲水基团，具有强吸湿性。由此分析得出结论：壳聚糖吸湿性要小于木材纤维素和半纤维素。因此，壳聚糖加固古木的干缩率和湿胀率要小于现代健康材。

表8-4为壳聚糖加固古木干缩湿胀规律与未加固古木、现代健康材的对比。在前述4.4.2中已经对未加固古木干缩湿胀规律进行了总结。壳聚糖加固古木和未加固古木相比干缩湿胀规律有了明显的变化，主要表现在以下2点：

（1）未加固古木干缩后再浸入水中润胀，尺寸虽然会增长，但恢复不到干燥前的程度。这一规律可以用干缩率与湿胀率的比值(以下简称缩胀比)来量化。从表8-4中可以看出，壳聚糖加固古木径向缩胀比为0.9，弦向缩胀比为0.9，这一值与现代健康材基本一致。这说明壳聚糖加固古木干燥后再重新吸水，仍能恢复到干燥前的尺寸。以上变化说明古木中的大尺寸孔隙已经被壳聚糖所填充，同样具有链状结构和吸湿性的壳聚糖在古木细胞壁中，随着木材细胞壁中降解后剩下的实质物质一起干缩湿胀，使壳聚糖加固古木的干缩湿胀规律基本接近现代健康材。

（2）未加固古木弦向干缩率、湿胀率与径向干缩率、湿胀率的比值(以下简称弦径比)明显高于现代健康材。也就是说未加固古木在干缩湿胀过程中，木射线对古木径向干缩湿胀的牵制作用更明显。从表8-4可以看出，壳聚糖加固古木干缩率弦径比为2.2，湿胀率弦径比为2.1。这一值明显小于未加固古木，与现代健康材很接近。这说明壳聚糖加固古木木射线对径向干缩湿胀的牵制作用基本与现代健康材一致。

表8-4　壳聚糖加固古木干缩湿胀规律变化

指标		未加固古木	壳聚糖加固古木	现代健康材
干缩率与湿胀率的比值	径向	2.0	0.9	1.0
	弦向	2.2	0.9	0.9
弦向与径向的比值	干缩率	3.0	2.2	1.7
	湿胀率	2.7	2.1	1.9

8.6.4　顺纹抗压强度

表8-5为壳聚糖加固古木含水率为12%时的顺纹抗压强度(以下简称顺纹抗压强度)及最大破坏载荷时压头行程(以下简称压头行程)测量结果相关数据。由于古木遭到了严重的菌类腐朽及虫蛀破坏，并且在反复的水泡和日晒下内部存在裂纹，导致检测结果的变异系数偏大。

表8-5 壳聚糖加固古木顺纹抗压强度及压头行程

指 标	平均值	最大值	最小值	标准差	变异系数/%
顺纹抗压强度/MPa	19.26	38.81	11.66	6.58	34.17
压头行程/mm	2.23	3.62	1.29	0.59	26.46

图 8-10 为未加固古木、壳聚糖加固古木、现代健康材的顺纹抗压强度和压头行程对比。从图中可以看出，壳聚糖加固古木顺纹抗压强度为 19.26 MPa，未加固古木的顺纹抗压强度为 3.67 MPa。壳聚糖加固古木顺纹抗压强度相比未加固古木有了明显增强，但仍不及现代健康材(59.28 MPa)的一半。

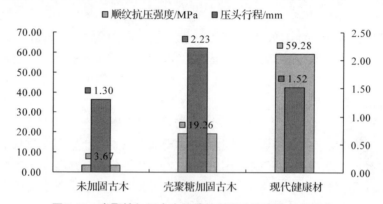

图 8-10 壳聚糖加固古木顺纹抗压强度和压头行程变化

从图 8-10 还可以看出，壳聚糖加固古木压头行程为 2.23 mm，未加固古木压头行程为 1.30 mm。这说明壳聚糖加固古木顺纹方向弹性明显改善，甚至要优于现代健康材。加固古木在运输、贮存及展示过程中都无须承重，顺纹抗压强度虽然没有恢复到健康材的程度，但弹性的改善更利于古木磕碰或运输挤压时的缓冲，因此这样的力学强度结果是令人满意的。

8.6.5 表面接触角

图 8-11 为测量壳聚糖加固古木表面接触角时的抓拍图。和前述图 4-6 比较可以看出，经壳聚糖加固后古木 3 个切面的表面接触角都明显增大：横切面从 0°增加到 88°；径切面从 55°增加到 98°；弦切面晚材从 62°增加到 98°；弦切面早材从 48°增加到 86°。未加固古木三切面接触角平均值约为 41°，壳聚糖加固古木三切面接触角平均值约为 93°，而现代健康材三切面接触角平均值也只有约 66°。说明壳聚糖加固后古木疏水性明显增强，甚至好于现代健康材。

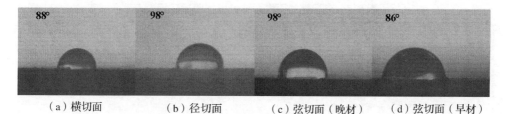

(a)横切面　　　(b)径切面　　　(c)弦切面(晚材)　　(d)弦切面(早材)

图 8-11　壳聚糖加固古木三切面表面接触角

壳聚糖是一种动物纤维素，分子结构与木材纤维素十分相似，含有亲水羟基。但壳聚糖加固古木疏水性明显增强，主要是因为纹孔被壳聚糖填充阻塞，导致古木内部系统压力增大，水分难以进入。良好的疏水性更利于加固古木的贮存。

8.6.6　耐菌腐性能

表 8-6 为壳聚糖加固古木耐菌腐实验测试相关数值。从表中数据可知，壳聚糖加固古木质量损失率为 5.19%，按 GB/T 13942.1—2009 评定标准属"强耐腐"木材。

表 8-6　壳聚糖加固古木耐菌腐实验质量损失率　　　单位:%

指　标	平均值	最大值	最小值	标准差	变异系数
质量损失率	5.19	7.66	3.03	1.03	19.84

壳聚糖是一种天然防腐剂。食品工业中利用壳聚糖的成膜性和抑菌功能将其作为保鲜剂使用。也有学者利用壳聚糖制备复合木材防腐剂。崔兆玉等用壳聚糖醋酸溶液作为防腐剂处理桦木。结果表明：壳聚糖醋酸溶液能够有效减缓桦木在自然条件下的腐朽，可使桦木的化学成分和力学性质得到很好的保护[118]。

8.6.7　抗流失性能

表 8-7 为壳聚糖加固古木自来水流失实验后的质量损失率。从表中可以看出，第 14 天时试样质量损失率为 2.11%，说明已渗入加固古木中的壳聚糖在自来水的作用下只有很微小的一部分流失。第 16 天时质量损失率为 2.16%，比上次质量损失率大了 0.05%，说明古木中壳聚糖的流失在第 14 天时已经趋于稳定，不再向水中流失。抗流失实验中壳聚糖加固古木第 16 天的质量损失率(2.15%)相比前述估算载药量(21.75%)只是很小一部分。

表 8-7 壳聚糖加固古木抗流失实验质量损失率　　　　　　　　单位:%

指　　标	平均值	最大值	最小值	标准差	变异系数
第 14 天，试样流失后的质量损失率	2.11	3.38	1.30	0.48	22.75
第 16 天，试样流失后的质量损失率	2.15	3.29	1.31	0.47	21.86

以上测试结果说明壳聚糖加固古木在湿法保存过程中，不会发生加固试剂壳聚糖的大量流失。古木中会有微量的壳聚糖进入水中，但是这一点流失的壳聚糖不会降低加固古木的物理力学性能或缩短古木保存时间。由于壳聚糖属天然动物纤维，微量流失进入水中，也不会对周围的环境造成任何污染。

8.7　本章小结

（1）未加固古木部分呈黑色或黑棕色，壳聚糖加固古木相比未加固古木颜色明显变浅，基本接近现代健康材。

（2）壳聚糖加固古木加固干缩率横向为 9.13%，纵向为 6.70%，均小于未加固古木的气干干缩率。壳聚糖加固古木大部分无开裂变形现象。

（3）壳聚糖加固古木估算载药量为 21.75%。即每 100 g 绝干古木中沉积了 21.75 g 的绝干壳聚糖和冰乙酸。

（4）壳聚糖加固后，古木基本密度由原来的 0.16 g/cm^3 增加到 0.36 g/cm^3，最大含水率从原来的 578.68% 降低到 200.00%。基本密度的提高和最大含水率的降低说明了有大量壳聚糖浸入了古木内部。

（5）壳聚糖加固古木的干缩率和湿胀率与未加固古木相比大幅度减小，甚至比现代健康材还要略低。壳聚糖加固古木干缩后再重新吸水仍能恢复到原来的体积；并且弦向尺寸变化率与径向尺寸变化率的比值基本接近现代健康材。

（6）壳聚糖加固后，古木顺纹抗压强度从原来的 3.67 MPa 增加到 19.26 MPa，压头行程从原来的 1.30 mm 增加到 2.23 mm。这说明壳聚糖加固古木顺纹抗压强度和弹性都明显改善，这更有利于加固古木的运输、展示和贮存。

（7）壳聚糖加固后，古木三切面的表面接触角都明显增大，甚至大于现代健康材。说明了壳聚糖加固古木具有很好的疏水性，在贮存和展示时不会因为吸收了大量空气中的水分，而为木腐菌创造生长环境。

（8）受密粘褶菌腐朽后，壳聚糖加固古木质量损失率为 5.19%。按 GB/T 13942.1—2009 规定，其属"强耐腐"木材。

(9)壳聚糖加固古木在自来水中质量损失率仅为 2.16%。这只占浸入古木内部试剂的极微小的一部分,不会降低加固古木的物理力学性能。而且壳聚糖无毒无害,不会对周围的环境造成污染。

9 壳聚糖加固法加固机理分析

9.1 实验材料与方法

9.1.1 结晶度及晶区尺寸分析

(1) 试样制备

壳聚糖加固古木、壳聚糖(古木浸渍完成后,将剩余的壳聚糖酸溶液晾干,打成粉),制成可过200目筛的木粉,在室温下压片。

(2) 实验设备及测量条件

参见5.1.2.2与5.1.2.3。

9.1.2 SEM 微观构造分析

(1) 试样制备

壳聚糖加固古木。具体的试样制备方法参照7.1.2中的(1)。

(2) 实验设备及步骤

参见5.1.5.3和5.1.5.4。

9.1.3 FTIR 分析

(1) 试样制备

壳聚糖加固古木、壳聚糖(古木浸渍完成后,将剩余的壳聚糖酸溶液晾干,打成粉),制成可过200目筛的木粉,气干,在室温下与KBr压片。

(2) 实验设备

参照5.1.3.2。

9.2 结果与分析

9.2.1 结晶度及晶区尺寸分析

壳聚糖与木材纤维素的化学结构十分相似。都是 β-甙键，都是椅式构象，因而分子外形也相似，甚至可以将壳聚糖看成 2 位碳上羟基被乙酰基取代的纤维素衍生物，因此壳聚糖也被称为动物纤维素。壳聚糖分子内部含有 3 种可以形成氢键的基团，分别为—OH、—NH$_2$ 和∶O—。因此壳聚糖分子间的强氢键作用，使其易形成紧密的分子束，并含有结晶区。壳聚糖与纤维素的晶胞参数很接近：都是单斜晶系；链构象都是沿 b 轴反平行排列；沿分子轴的 b 值都是约 1.03 mn(葡萄糖基的长度)。因此壳聚糖的结晶性与木材纤维素十分相似。

图 9-1 为壳聚糖加固古木及壳聚糖的 2θ 衍射强度曲线。经 X 射线衍射仪测定及用 JADE6.5 程序拟合计算，用于加固古木的壳聚糖结晶度为 13.37%，平均晶区宽度约 2.5 nm；壳聚糖加固古木结晶度为 24.96%，平均晶区尺寸约 1.8 nm；前述未加固古木结晶度为 5.35%，平均晶区宽度约 2.0 nm。

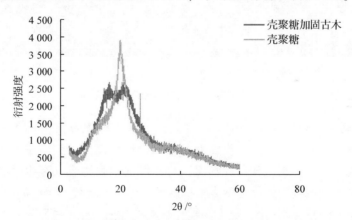

图 9-1　壳聚糖加固古木和壳聚糖 2θ 衍射强度曲线

9.2.2 SEM 微观构造分析

从图 9-2(a)可以看出，相比前述图 5-4(a)，壳聚糖加固古木横切面早材细胞恢复了原有形态，细胞壁饱满，细胞排列规则。说明壳聚糖浸入了古木细胞壁内部起到了很好的支撑作用，在古木气干过程中足以对抗自然干燥应力。

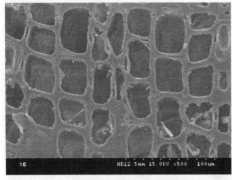
（a）横切面早材（500×）
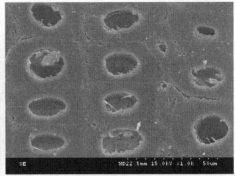
（b）横切面晚材（1 000×）

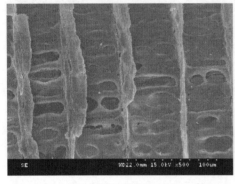
（c）径切面交叉场纹孔（500×）

（d）弦切面（1 000×）

图 9-2　壳聚糖加固古木 SEM 微观构造

从图 9-2（b）可以看出，相比前述图 5-4（b），壳聚糖加固古木横切面晚材细胞壁厚度较之前有所增加，次生壁与胞间层结合良好，细胞排列规则。胞间层仍略有破坏。单个细胞壁加固情况良好，但细胞间结合处有少量裂纹，这是导致加固古木顺纹抗压强度虽然大幅提高，但仍不及现代健康材的主要原因。

从图 9-2（c）可以看出，交叉场纹孔基本被沉积的壳聚糖阻塞。加固后的古木纹孔绝大部分被壳聚糖阻塞，大大降低了古木内部的通透性，这是加固古木疏水性增强的主要原因。

从图 9-2（d）可以看出，图中左侧细胞腔内壁光滑，说明细胞腔内无壳聚糖沉积。这样的细胞占了加固古木的绝大部分。左侧的细胞腔内有一层壳聚糖层贴附在加固古木的内壁，这主要是由于加固浸渍时大量壳聚糖溶液进入了细胞腔，干燥时溶剂挥发，壳聚糖则贴附在细胞腔内壁上。这种情况在加固古木细胞中只是偶见。

9.2.3 FTIR 分析

结合图 9-3 和表 9-1 可以得出以下结论:

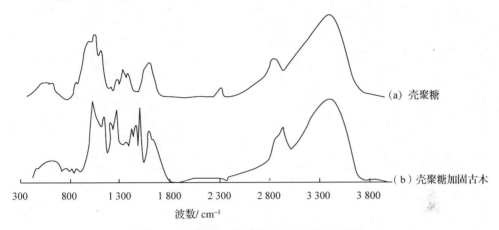

图 9-3 壳聚糖及壳聚糖加固古木 FTIR 谱图

将壳聚糖加固古木和前述未加固古木以及壳聚糖红外图谱进行相比,壳聚糖加固古木吸收峰在未加固古木红外谱图中全部可见,说明壳聚糖加固后古木内无新的基团生成,即红外光谱不能证明古木中化学成分与壳聚糖发生反应生成了新的化学键。另外,壳聚糖加固古木红外谱图中未见壳聚糖分子结构特征吸收峰,说明浸入古木内部的壳聚糖数量较少。这主要是由于用于加固的壳聚糖溶液浓度仅为 1.5%。

壳聚糖加固古木在 3 388 cm^{-1} 处有 1 个明显吸收峰,主要为古木自身—OH 伸缩振动吸收峰。加固用壳聚糖在 3 446 cm^{-1} 处有 1 个吸收峰,是—OH 与—NH 伸缩振动吸收峰的叠加效果。

酰胺基有 3 个吸收谱带,分别出现在 1 654 cm^{-1}、1 559 cm^{-1} 和 1 315 cm^{-1} 左右。其中 1 654 cm^{-1} 为酰胺 I 带,是酰胺基上羰基(C=O)的伸缩振动吸收峰;1 559 cm^{-1} 为酰胺 II 带,为 C—N 伸缩振动峰和 N—H 变形振动组合峰,吸收较弱;1 315 cm^{-1} 为酰胺 III 带,为 C—N 变形振动峰和 N—H 伸缩振动组合峰。加固用壳聚糖在 1 649 cm^{-1} 处(酰胺 I 带)有 1 个明显吸收峰;1 559 cm^{-1} 处(酰胺 II 带)无峰;在 1 325 cm^{-1} 处(酰胺 III 带)有 1 个小吸收峰。说明壳聚糖羰基(C=O)含量相对较高,脱乙酰度相对较低。

表 9-1 壳聚糖加固古木和壳聚糖 FTIR 谱图特征频率及归属

类型	波数/cm^{-1}	官能团	吸光度	官能团归属说明
壳聚糖	3 446	—OH、—NH	0.256 4	—OH 和—NH 伸缩振动
	2 920	—CH$_2$—、—CH$_3$	0.120 3	C—H 伸缩振动
	2 880	—CH$_2$—、—CH$_3$	0.123 5	C—H 伸缩振动
	1 649	C=O	0.111 7	酰胺基上羰基(C=O)振动吸收峰
	1 424	—CH$_2$—、—CH$_3$	0.075 9	C—H 变形振动
	1 383	—CH$_2$—、—CH$_3$	0.089 8	C—H 变形振动
	1 325	C—N、N—H	0.057 8	C—N 变形振动峰和伸缩振动组合峰
	1 156	C—O—C	0.150 6	C—O—C 伸缩振动
	1 088	C—O	0.201 3	二级醇羟基中(C—O)伸缩振动
	1 030	C—O	0.175 8	一级醇羟基中(C—O)伸缩振动
壳聚糖加固古木	3 388	—OH	0.123 4	O—H 伸缩振动
	2 932	—CH$_2$—、—CH$_3$	0.081 6	C—H 伸缩振动
	1 604	C=C	0.077 2	苯环的碳骨架振动(木质素)
	1 510	C=C	0.111 7	苯环的碳骨架振动(木质素)
	1 460	C—H、C=C	0.086 8	C—H 弯曲振动(纤维素、半纤维素和木质素中的CH$_2$),苯环的碳骨架振动
	1 423		0.080 6	苯环骨架结合 C—H 在平面变形伸缩振动
	1 375	C—H	0.058 5	CH 弯曲振动(纤维素和半纤维素)
	1 268	C—O—C	0.111 3	木质素酚醚键 C—O—C 伸缩振动
	1 221	C—C、C—O	0.087 4	C—C 与 C—O 伸缩振动
	1 030	C—O	0.125 6	C—O 伸缩振动(纤维素、半纤维素和木质素)

1 593 cm^{-1} 处为氨基变形振动吸收峰,当壳聚糖脱乙酰度较低时(通常是低于70%),氨基变形吸收峰不能表现出来。用于加固的壳聚糖在 1 593 cm^{-1} 处无峰,说明其脱乙酰度应该低于 70%(外包装标志为:脱乙酰度>90%)。壳聚糖的脱乙酰度越高溶解性越好,但由于强碱和高温的作用,分子量也越低,低分子量壳聚糖有利于浸入古木细胞壁内部,但不利于古木力学性能的提高。

9.3 本章小结

(1)加固用壳聚糖结晶度为 13.37%,壳聚糖加固古木结晶度为 24.96%,前述未加固古木结晶度为 5.35%。说明加固后古木结晶度有所提高,但不能证明古木纤维素结晶度提高。

(2)从 SEM 微观构造图片分析可知,浸入古木内部的壳聚糖大部分沉积在了古木细胞壁内,有少量贴敷在古木细胞内壁。加固后的古木细胞壁饱满,比未加固前明显增厚;细胞排列规则。加固古木部分胞间层有微小裂隙,这是导致古木力学强度不及现代健康材的主要原因;加固古木纹孔绝大部分被壳聚糖阻塞,这是加固古木疏水性增强的主要原因。

(3)通过壳聚糖、壳聚糖加固古木和未加固古木的红外光谱对比可知,红外光谱不能证明古木中化学成分与壳聚糖发生反应生成了新的化学键。从壳聚糖红外光谱分析可知,加固用壳聚糖脱乙酰度较小,有可能小于70%。脱乙酰度小说明分子量相对较大。分子量大的壳聚糖溶解相对困难,但更有利于加固古木力学性能的提高。

10 酚醛树脂加固法步骤及加固效果评价

10.1 酚醛树脂

10.1.1 酚醛树脂的概念

酚醛(PF)树脂是酚类和醛类在催化剂作用下形成的树脂的统称。实际的工业生产中,酚类通常是用苯酚,醛类通常是用甲醛。

在酚醛树脂的合成过程中,根据原料的化学结构、酚和醛摩尔比以及反应介质的不同,可将其分为热固性酚醛树脂和热塑性酚醛树脂。在氢氧化钠等碱性物质的催化下,过量的甲醛与苯酚(其摩尔比大于1)反应生成的为热固性酚醛树脂;在酸性催化剂作用下,甲醛与过量的苯酚(通常摩尔比为6∶7或5∶6)反应生成的为热塑性酚醛树脂。

10.1.2 热固性酚醛树脂的合成及固化

在碱性催化剂作用之下,苯酚首先与过量的甲醛发生加成反应生成羟甲基酚。酚羟基使邻位和对位活化,因此生成的为邻位或对位羟甲基酚,反应如图10-1(a)所示。羟甲基酚继续与甲醛反应生成二羟甲基酚及三羟甲基酚,如图10-1(b)所示。因此加成反应的产物是一羟甲基酚和多羟甲基酚的混合物。

这些羟甲基酚相互之间[图10-2(a)]或与苯酚之间[图10-2(b)]发生缩聚反应。随着缩聚反应的进行,树脂分子不断增大。若缩聚反应在凝胶点之前停下来,则生成树脂,即为甲阶酚醛树脂。

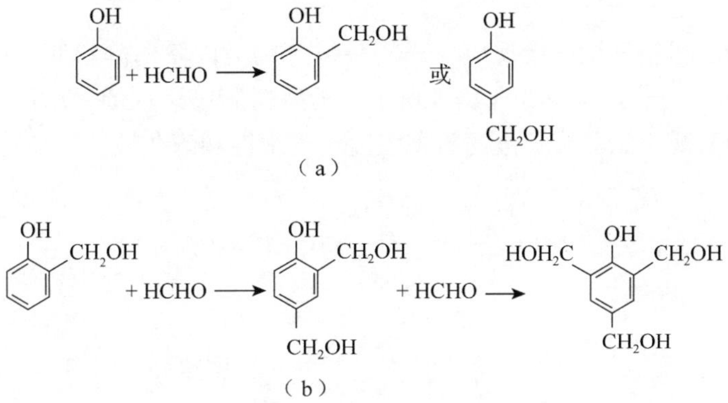

图 10-1　苯酚与甲醛的加成反应

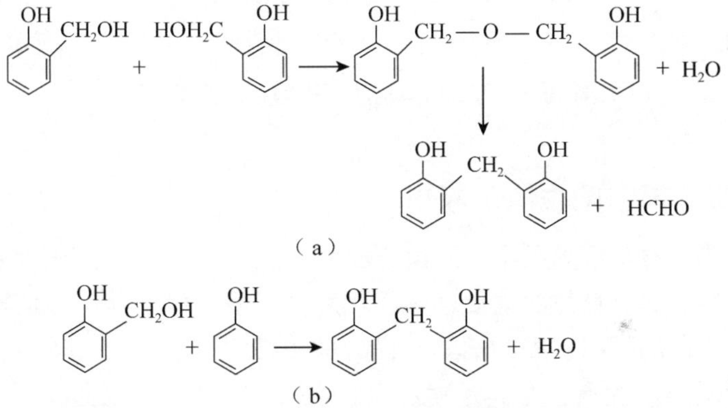

图 10-2　单体缩聚反应

甲阶酚醛树脂为线型结构。在碱性条件下，缩聚体之间主要以次甲基连接，少量以醚键连接。典型的甲阶酚醛树脂分子结构如图 10-3 所示。甲阶酚醛树脂分子量较低，具有可溶可熔性、良好的流动性和润湿性。酚醛树脂胶黏剂即为甲阶酚醛树脂。

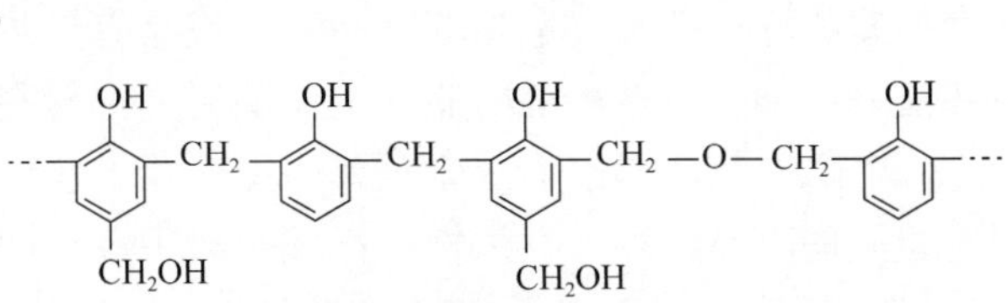

图 10-3　甲阶酚醛树脂分子结构示意图[119]

甲阶酚醛树脂经过加热、加酸或长期贮存即聚合为乙阶酚醛树脂。乙阶酚醛树脂聚合度为 6~7，不溶不熔，可部分溶于丙酮或乙醇，加热可软化，冷却后变脆。

乙阶酚醛树脂继续缩聚反应生成的最终产物为丙阶酚醛树脂。丙阶酚醛树脂为体型结构，分子结构如图10-4所示。酚醛树脂胶黏剂固化后即为丙阶酚醛树脂。丙阶酚醛树脂具有很强的机械强度、耐水性和耐久性。

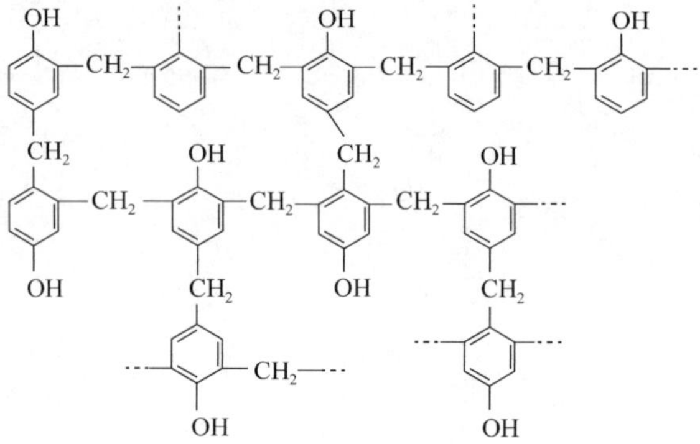

图 10-4　丙阶酚醛树脂分子结构示意图[119]

10.1.3　酚醛树脂的性质及应用

酚醛树脂具有良好的黏结性。由于酚醛树脂分子具有大量极性基团；且其溶液黏度适宜，具有良好的铺展性；固化后分子呈交联网状，因此可以使黏结界面持久稳定。酚醛树脂胶黏剂具有优异的胶接强度、耐水、耐热、良好的化学稳定好及耐磨等优点，尤其是耐沸水性能突出。酚醛树脂也具有颜色偏深、固化后具有一定的脆性等缺点。在木材加工领域，酚醛树脂胶黏剂主要用来生产耐水的一类胶合板、装饰胶合板以及木材层积塑料等，是使用最广泛的主要胶种之一，仅次于脲醛树脂的使用量。

酚醛树脂具有十分突出的耐瞬时高温灼烧性能。酚醛树脂网状交联结构具有80%（质量分数）左右的理论含碳率。酚醛树脂在 300 ℃下开始分解碳化，在 800~2 500 ℃逐渐加速热解，吸收大量热能，同时形成具有隔热作用和较高强度的碳化层。利用这一性能，改性酚醛树脂作为耐瞬时高温材料，在宇航工业方面（空间飞行器、火箭、导弹等）有着非常重要的用途。

酚醛树脂具有良好的阻燃性和低发烟性。火灾事故中放出的烟雾是造成人员伤亡的主要原因。这促使人们研究具有阻燃性和低发烟性的新型建筑材料。研究表明，酚醛树脂材料在燃烧时能够形成高碳泡沫结构，形成优良的绝热体，从而阻止材料内部的进一步燃烧。且酚醛树脂的燃烧产物主要是水、二氧化碳、焦炭和少量的一氧化碳，燃烧产物毒性较低。利用这一性质，用酚醛树脂制成的泡沫塑料和酚醛树脂基复合材料可用来生产建筑材料、室内装饰装修材料、石油化工设备和管道的保温材料等[120]。

另外,酚醛树脂还被用做涂料原料、防腐蚀用胶泥以及以酚醛树脂为基础的离子交换树脂等。酚醛树脂还可作为刹车片、砂轮、金属铸造模型的胶黏剂[121]。

10.2 饱水古木

用酚醛树脂加固的饱水古木采自海门口遗址已发掘的探坑中,共计 60 根。其中的 59 根有编号,加固后于剑川民俗博物馆进行展览。另外的 1 根没有编号,加固后用于性能测试分析。用于展览的古木尺寸、重量及探坑编号等基本情况见附录 C1。用于性能测试分析的古木采自探坑 AT2001,加固前处于饱水状态时中间直径 15.4 cm,长度 65 cm,质量 9.5 kg,树种为云南松。此根古木对用于展览的加固古木具有一定的代表性。

10.3 加固试剂

(1) 酚醛树脂:委托昆明市天雄化工厂生产;固含量 42%;涂四杯黏度 16 S。

(2) 无水乙醇:由广东光华科技股份有限公司生产;CAS 号为 64-17-5;产品编号为 1.17113.483;规格为 CP160 kg。

(3) 草酸:由通辽金煤化工有限公司生产;规格为 25 kg/袋。

10.4 酚醛树脂加固法的步骤

10.4.1 采样、包装及运输

参见 6.5.1。

10.4.2 清洗、称重及测量

参见 6.5.2。

10.4.3 编号

参见 6.5.3。

10.4.4 杀菌

参见 6.5.4。

10.4.5 配制酚醛树脂浸渍液

在溶解容器中内加入酚醛胶,将酚醛胶稀释至20%。在稀释过程中要不断加入NaOH溶液,使酚醛树脂溶液pH保持为9~9.5。稀释时,如酚醛树脂溶液中起云雾,则表示pH太低,须加入NaOH溶液直至云雾消失。

10.4.6 浸渍

将饱水古木整齐排列在处理槽内,只在槽底放一层,不能重叠。共计用3个处理槽。把稀释好的酚醛树脂溶液倒入处理槽内,直至溶液全淹古木,如图10-5所示。用塑料棚膜将处理槽密封。2~3 d用力搅拌1次,同时观察古木表面是否起云雾。如起云雾,说明酚醛树脂已浸入古木内部置换出了古木中的水分,古木内渗出的水分稀释了酚醛树脂溶液,使溶液pH降低。搅动溶液使云雾溶解。如果搅动后云雾还不溶解,须向槽内添加NaOH使溶液pH升高。古木浸渍时间约150 d。

图 10-5 浸泡在酚醛树脂溶液中的古木

10.4.7 脱色

用NaOH溶液将浸渍后的古木表面的酚醛树脂清洗干净。然后气干约30 d,至表面手摸不感到湿为止。然后将古木放入2%的草酸溶液中在室温下脱色3周(图10-6)。

图 10-6　浸泡在草酸溶液中的古木

10.4.8　气干

气干过程参见 6.5.11。图 10-7 为正在气干的酚醛树脂加固古木。草酸没有将酚醛树脂的颜色完全褪去，古木表面颜色还略微泛红，但脱色时间不能过长，以免酸液对古木造成腐蚀。

图 10-7　正在气干的酚醛树脂加固古木

10.4.9　称重及测量

参见 6.5.12。图 10-8 为酚醛树脂加固法古木加固前后的对比。从图中可以看出，加固前古木呈棕黑色，加固后古木呈浅红褐色。加固古木无开裂变形。

 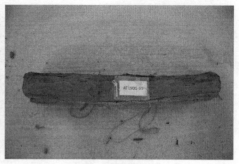

（a）加固前的古木　　　　　　　　　　　（b）加固后的古木

图 10-8　酚醛树脂加固法古木加固前后对比

10.5　酚醛树脂加固法加固效果评价方法

10.5.1　加固干缩率和估算载药量实验

酚醛树脂加固古木加固干缩率实验及计算方法参照 6.6.1.1。估算载药量实验及计算方法参照 6.6.1.3。

10.5.2　基本密度和最大含水率实验

（1）试样制备

酚醛树脂加固古木。试样规格 20 mm×20 mm×20 mm。

（2）实验步骤

基本密度测试方法参见 4.3.1.2；最大含水率测试方法参照 4.3.2.2。

10.5.3　饱和至绝干干缩率、绝干至饱和湿胀率实验

（1）试样制备

酚醛树脂加固古木。试样规格 20 mm×20 mm×20 mm。

（2）实验步骤

参见 4.3.4.2 进行。

10.5.4　顺纹抗压强度实验

（1）试样制备

酚醛树脂加固古木。试样规格 20 mm×20 mm×30 mm，30 mm 为顺纹方向厚度。

(2)实验设备及步骤

参见4.3.5.2和4.3.5.3。

10.5.5 表面接触角实验

表面接触角测试方法参见4.3.6进行。

10.5.6 甲醛释放量实验

采用穿孔萃取法测定酚醛树脂加固古木甲醛释放量。测定方法参照《室内装饰装修材料人造板及其制品中甲醛释放限量》(GB/T 18580—2001)中6.1进行。先通过固-液萃取将试样中的游离甲醛分离出来溶解于甲苯。然后通过液-液萃取将甲苯中的甲醛转溶于水中。最后用分光光度法测定甲醛浓度。测定2组平行样。

10.5.6.1 实验设备

穿孔萃取仪、套式恒温器、天平、烘箱、分光光度计。

10.5.6.2 实验步骤

(1)试样制备：用于测试分析的酚醛树脂加固海门口遗址古木。在古木圆盘上从内至外取样。试样规格15 mm×15 mm×10 mm。将锯制好的试样分成4份，其中2份(每份约65 g)用于萃取甲醛，另外2份(每份约50 g)用于测定含水率。

(2)含水率测定：试样锯制完成后，立即进行试样含水率测定，测定方法参照《木材含水率测定方法》(GB/T 1931—2009)进行。取2份试样测量结果的平均值作为试样最终含水率。

(3)萃取操作：参照《人造板及饰面人造板理化性能实验方法》(GB/T 17657—1999)"4.11.5.4萃取操作"。

(4)标准曲线绘制：参见GB/T 17657—1999"4.11.5.5.2.1标准曲线"计算标准曲线斜率。

(5)甲醛含量测定：用移液管按顺序量取10 mL体积浓度4%的乙酰丙酮、质量分数20%的乙酸铵溶液、10 mL萃取液，置于50 mL带塞三角瓶中。塞紧瓶塞，轻轻摇动，将瓶中试液摇匀，放入40 ℃水浴锅中加热15 min，冷却至室温。以蒸馏水作为比对溶液，将分光光度计调零。在波长412 nm处，测量萃取液吸光度；同时用蒸馏水代替萃取液，测量空白值。

(6)结果计算：分别计算2组试样的甲醛释放量，取其平均值。甲醛释放量计算见式(10-1)。

$$E = \frac{(A_s - A_b) \times f \times (100 + H) \times V}{M_0} \tag{10-1}$$

式中：E——每 100 g 试件释放的甲醛量(mg/100 g)；

A_s——萃取液的吸光度；

A_b——蒸馏水的吸光度；

f——标准曲线的斜率(mg/mL)；

H——试样含水率(%)；

V——容量瓶体积，2 000 mL；

M_0——用于测量的试样质量(g)。

10.5.7 抗流失实验

(1)试样制备

酚醛树脂加固古木。

(2)实验步骤

参见 6.6.7.2。

10.6 酚醛树脂加固法加固效果评价

10.6.1 加固干缩率和估算载药量

10.6.1.1 加固干缩率

将表 10-1 和前述表 4-2 进行比较可以看出，酚醛树脂加固古木横向加固干缩率为 9.14%，明显小于饱水古木弦向气干干缩率(18.55%)，但大于饱水古木径向气干干缩率(5.70%)。酚醛树脂加固古木纵向加固干缩率为 4.17%，只有饱水古木纵向气干干缩率(9.78%)的约一半。说明酚醛树脂的浸入在很大程度上阻止了加固古木的干缩。

表 10-1 酚醛树脂加固古木加固干缩率和估算载药量　　　　　　单位:%

指标	平均值	最大值	最小值	标准差	变异系数
横向加固干缩率	9.14	15.16	1.97	3.06	33.49
纵向加固干缩率	4.17	8.97	0.48	1.83	43.93
估算载药量	129.94	204.32	92.81	22.66	17.44

10.6.1.2 估算载药量

从表 10-1 可以看出，酚醛树脂加固古木估算载药量为 129.94%，即平均每 100 g 的绝干古木沉积的酚醛树脂绝干质量约 129.94 g。

按公式(6-6)计算，沉积在古木中酚醛树脂的总质量为 115.06 kg。在加固环节实际参与浸渍的酚醛树脂绝干质量为 480 kg(即 20%的酚醛树脂溶液质量为

2 400 kg)。因此，480 kg 的酚醛树脂约 24%浸入到了古木中。

10.6.2 基本密度和最大含水率

表 10-2 为酚醛树脂加固古木基本密度和最大含水率测量结果相关统计值。图 10-9 为未加固古木、酚醛树脂加固古木和现代健康材的基本密度和最大含水率的对比。

表 10-2 酚醛树脂加固古木基本密度和最大含水率

指标	平均值	最大值	最小值	标准差	变异系数/%
基本密度/(g/cm^3)	0.29	0.43	0.25	0.06	19.11
最大含水率/%	265.19	307.00	162.97	46.07	17.37

从图 10-9 可以看出，未加固古木基本密度为 0.16 g/cm^3，酚醛树脂加固古木基本密度为 0.29 g/cm^3，现代健康材基本密度为 0.48 g/cm^3。酚醛树脂加固后古木基本密度有一定程度增加，说明本项目特制的低分子量酚醛树脂分子足够小，可以浸入古木内部，增加古木内部的实质物质，减小古木内部孔隙率。

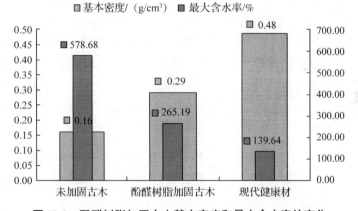

图 10-9 酚醛树脂加固古木基本密度和最大含水率的变化

从图 10-9 还可以看出，未加固古木最大含水率为 578.68%，酚醛树脂加固古木为 265.19%，现代健康材为 139.64%。酚醛树脂加固后古木最大含水率约是未加固古木的一半，说明古木内部的大部分孔隙被酚醛树脂分子所填充；但仍比现代健康材大很多，接近现代健康材的 2 倍，说明仍有一部分由于古木降解而产生的孔隙没有被树脂填充。

10.6.3 饱和至绝干干缩率、绝干至饱和湿胀率

表 10-3 为酚醛树脂加固古木饱和至绝干干缩率(以下简称干缩率)、绝干至

饱和湿胀率(以下简称湿胀率)测量结果相关统计数值。从表中可以看出,干缩率和湿胀率都是弦向变异系数大于径向变异系数。并且和未加固古木相比(参见表4-2),酚醛树脂加固古木干缩湿胀变异系数(以下简称变异系数)都明显减小。未加固古木变异系数偏大是由于古木内外腐朽程度不同造成的:古木外部直接接触空气,腐朽相对较严重,干缩湿胀相对较大。而古木内部由于腐朽相对较轻,干缩湿胀明显小于外部。干缩率和湿胀率测试取样是由外到内均匀取样,因此未加固古木变异系数较大。酚醛树脂加固古木变异系数明显减小,是由于古木内部和外部干缩湿胀率更加趋于一致。说明酚醛树脂分子能够"按需"浸入古木:古木外部腐朽严重,浸入的树脂量相对较大;古木内部腐朽相对较轻,浸入的树脂量相对较小。这样使得古木内部和外部的性质更加趋于一致。

表10-3 酚醛树脂加固古木干缩率和湿胀率　　　　　　　　单位:%

指标		平均值	最大值	最小值	标准差	变异系数
干缩率	径向	4.51	5.15	3.06	0.46	10.10
	弦向	7.95	9.82	5.59	1.28	16.15
湿胀率	径向	4.64	5.35	3.88	0.44	9.55
	弦向	7.68	9.80	4.93	1.57	20.38

图10-10为未加固古木、酚醛树脂加固古木、现代健康材干缩率和湿胀率对比。从图中可以看出,酚醛树脂加固古木的干缩率和湿胀率都明显小于未加固古木,和现代健康材的干缩率和湿胀率基本接近。如:未加固古木径向干缩率为8.16%,酚醛树脂加固古木为4.15%,现代健康材为4.46%。酚醛树脂加固古木弦向湿胀率(7.68%)甚至比现代健康材(8.50%)还要小。

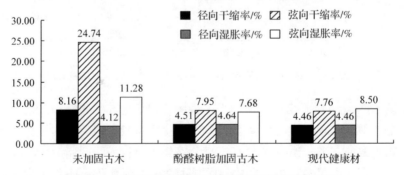

图10-10 酚醛树脂加固后古木干缩率和湿胀率变化

表10-4为未加固古木、酚醛树脂加固古木和现代健康材的干缩湿胀规律对比。从表10-4中可以看出:

(1) 酚醛树脂加固古木干缩率与湿胀率的比值径向和弦向都约为 1.0，大约只有未加固古木的一半，基本接近现代健康材。也就是说酚醛树脂加固古木失水绝干干缩后再重新吸水，仍能恢复到原来的体积尺寸。这说明酚醛树脂加固古木细胞壁失水后还能再重新吸收水分恢复尺寸，即细胞壁内已经没有不可逆的大尺寸孔隙。

(2) 酚醛树脂加固古木干缩率弦向与径向比值约为 1.8，湿胀率弦向与径向比值为 1.7，明显小于未加固古木，接近现代健康材。这说明加固后古木木射线的强度也明显增强，恢复了对径向干缩湿胀的牵制作用。

表 10-4　酚醛树脂加固古木干缩湿胀规律变化

指　　标		未加固古木	酚醛树脂加固古木	现代健康材
干缩率与湿胀率的比值	径向	2.0	1.0	1.0
	弦向	2.2	1.0	0.9
弦向与径向的比值	干缩率	3.0	1.8	1.7
	湿胀率	2.7	1.7	1.9

10.6.4　顺纹抗压强度

表 10-5 为酚醛树脂加固古木含水率为 12% 时的顺纹抗压强度（以下简称顺纹抗压强度）及最大破坏载荷时的压头行程（以下简称压头行程）测量结果的相关统计值。从表中数据可以看出，加固后顺纹抗压变异系数为 28.46%，仍然较大。顺纹抗压强度最大值为 52.70 MPa，平均值为 37.78 MPa，最小值仅为 17.60 MPa。这说明酚醛树脂虽然是强度较高的胶黏剂，但仍不能完美黏合古木内部的裂隙。存在裂隙的古木在较小的压力下便会被瞬间压溃，使得加固古木的顺纹抗压变异系数偏大。

表 10-5　酚醛树脂加固古木顺纹抗压强度及压头行程

指　　标	平均值	最大值	最小值	标准差	变异系数/%
顺纹抗压强度/MPa	37.78	52.70	17.60	10.75	28.46
压头行程/mm	1.90	2.52	1.43	0.23	12.28

图 10-11 为酚醛树脂加固古木顺纹抗压性能（顺纹抗压强度及压头行程）与未加固古木、现代健康材的比较。从图中可以看出，酚醛树脂加固古木顺纹抗压强度为 37.78 MPa，未加固古木为 3.67 MPa，说明酚醛树脂能够使古木顺纹抗压强度有明显增强，但也小于现代健康材（59.28 MPa）。从图中还可以看出，酚醛树脂加固古木压头行程为 1.90 mm，未加固古木为 1.30 mm。压头行程增加说明加固后古木顺纹方向弹性增强，能够更好地缓冲外力冲击。

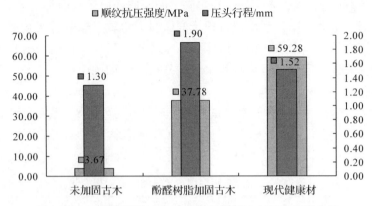

图 10-11　酚醛树脂加固古木顺纹抗压强度和压头行程变化

10.6.5　表面接触角

图 10-12 为测量酚醛树脂加固古木表面接触角时的抓拍图。将图 10-12 与图 4-6 进行比较可以发现,酚醛树脂加固古木三切面表面接触角相对未加固古木都明显增加。横切面从 0° 增加到 78°;径切面从 55° 增加到 95°;弦切面晚材从 62° 增加到 91°;弦切面早材从 48° 增加到 89°。酚醛树脂加固后,古木三切面接触角平均值从约 41° 增加到约 88°,说明酚醛树脂加固古木疏水性明显增强,更有利于古木的保存。

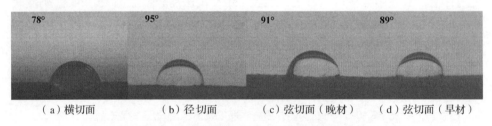

图 10-12　酚醛树脂加固古木三切面表面接触角

10.6.6　抗流失性能

表 10-6 为酚醛树脂加固古木抗自来水流失实验相关数据。从表中可以看出,流失到第 14 天时,试件的平均质量损失率为 5.16%;到第 16 天时试件的平均质量损失率为 5.47%。说明到第 14 天时,试件已经和水中溶解的酚醛树脂基本达到平衡。

表10-6 酚醛树脂加固古木抗流失实验　　　　　　　　　　　单位:%

指　　标	平均值	最大值	最小值	标准差	变异系数/%
第14天,试样流失后的质量损失率	5.16	6.94	3.00	1.13	21.86
第16天,试样流失后的质量损失率	5.47	7.28	3.80	1.01	18.46

从表10-6还可以看出,自来水流失后酚醛树脂加固古木质量损失率达到5.16%,说明如果用湿法保存酚醛树脂加固古木,将有少量树脂从古木中溶出进入水中。这主要是因为酚醛树脂加固古木采用的是自然干燥法,酚醛树脂常温下固化聚合度相对较低,古木内部存在一些游离甲醛分子、甲阶酚醛树脂小分子,这些可溶性分子会从古木中溶出进入水中,有可能对周围环境造成一定污染。因此,如果用湿法保存酚醛树脂加固古木,须考虑古木数量及溶出的加固试剂是否会对周围环境造成危害。否则须在贮存探坑四壁及底部用水泥隔断周围的土壤,以保护环境。另外,酚醛树脂加固古木在水中质量损失率只有5.16%,而前述酚醛树脂加固古木估算载药量为129.94%,说明浸入古木内部的酚醛树脂绝大部分已经反应生成了不溶的大分子,常温自然干燥也可以使酚醛树脂固化。

10.6.7　甲醛释放量

所有的酚醛树脂制品都存在甲醛释放问题,酚醛树脂加固古木亦是如此。国家强制标准《室内装饰装修材料人造板及其制品中甲醛释放限量》(GB 18580—2001)规定,采用穿孔萃取法测量,当甲醛释放量≤9 mg/100 g,可直接用于室内;当甲醛释放量≤30 mg/100 g,须饰面处理后才能用室内。

表10-7 用于甲醛含量测定的试样含水率

分组	绝干前质量/g	绝干后质量/g	含水率/%	含水率平均值/%
第1组	49.296	43.859	11.03	11.05
第2组	51.363	45.678	11.07	

酚醛树脂加固古木虽然不用于人居室内环境,但如果加固古木中游离甲醛含量过高,无论使用干法保存还是用湿法保存,都有可能对周围的环境造成一定的影响。

从表10-8可以看出,酚醛树脂加固古木甲醛释放量为19.15 mg/100 g,按GB 18580—2001规定,须于饰面处理后才能用于室内。因此用干法保存展示加固古木时,保存空间须与参观者隔绝。另外还要考虑加固古木管理人员的人身健康，不可经常进入加固古木贮存空间。

表10-8 分光光度法测定酚醛树脂加固古木甲醛含量相关数值

分组	A_s	A_b	f	$H/\%$	V/mL	M_0/g	$E/$(mg/100 g)	E平均值/(mg/100 g)
第1组	0.253	0.003	0.022 62	11.05	2 000	65.424	19.20	19.15
第2组	0.252	0.003				65.468	19.11	

10.7 本章小结

(1)酚醛树脂加固古木横向加固干缩率为9.14%，纵向加固干缩率为4.17%。少部分腐朽严重的古木加固后有开裂变形现象。加固前古木呈黑色或棕黑色，加固后古木颜色呈浅红褐色。

(2)酚醛树脂加固古木估算载药量为129.94%，即平均每100 g的绝干古木沉积的酚醛树脂绝干质量约129.94 g。

(3)未加固古木基本密度0.16 g/cm³，酚醛树脂加固古木基本密度0.29 g/cm³；未加固古木最大含水率578.7%，酚醛树脂加固古木最大含水率265.2%。基本密度明显增大，说明古木细胞内沉积了大量酚醛树脂分子；最大含水率减小，说明加固古木细胞壁孔隙率明显减小。

(4)酚醛树脂加固古木干缩率和湿胀率相比，未加固古木明显减小，接近现代健康材。酚醛树脂加固古木干缩后再重新吸水仍能恢复到原来体积，说明酚醛树脂填充了古木细胞壁内的大尺寸孔隙。

(5)未加固古木顺纹抗压强度为3.67 MPa，酚醛树脂加固古木顺纹抗压强度为37.78 MPa，加固后古木顺纹抗压强度明显增加。未加固古木压头行程为1.30 mm，酚醛树脂加固古木压头行程为1.90 mm，说明加固后古木顺纹方向弹性增加，更有利于缓冲外来冲击力。

(6)酚醛树脂加固古木三切面接触角都明显大于未加固古木，甚至比现代健康材还要大。说明加固古木疏水性好，有利于贮存。

(7)酚醛树脂加固古木经自来水流失，第14天即和水中加固试剂达到平衡，不再溶出，加固古木质量损失率为5.16%。考虑到溶出物主要为游离甲醛和可溶的甲阶酚醛树脂小分子，因此采用湿法保存时要注意加固古木数量，以免溶出物量大对周围环境造成污染。另外，也说明浸入古木内部的酚醛树脂已固化。

(8)酚醛树脂加固古木甲醛释放量为19.15 mg/100 g。按GB 18580—2001的规定，须在饰面处理后才能用于室内。因此采用干法保存展示加固古木时，保存空间须密闭且与要与参观者隔绝。

11 酚醛树脂加固法加固机理分析

11.1 实验材料及方法

11.1.1 结晶度及晶区尺寸分析

(1) 试样制备

酚醛树脂加固古木、自然固化酚醛树脂(酚醛树脂加固古木浸渍完成后,将剩余酚醛树脂溶液自然晾干呈固体状态)。分别将上述 2 种试样制成可过 200 目筛的木粉,在室温下压片。

(2) 实验设备及测量条件

参见 5.1.2.2 和 5.1.2.3。

11.1.2 SEM 微观构造分析

(1) 试样制备

酚醛树脂加固古木。具体试样制备方法参照 5.1.5.1。

(2) 实验步骤

参见 5.1.5.4。

11.1.3 荧光显微镜分析

11.1.3.1 实验原理

木质素和酚醛树脂在荧光显微镜下都会发亮。亚甲基蓝可以抑制木质素在荧光下发亮。将酚醛树脂加固古木切片并用亚甲基蓝染色后,在荧光显微镜下观察,发亮的部分即酚醛树脂存在的地方。据此可分析酚醛树脂在古木细胞内的分布。

11.1.3.2 实验步骤

(1)切片：用莱卡切片机将酚醛脂加固古木切片，切片分横切面、径切面和弦切面。切片厚度约十几微米。

(2)染色：将加固古木切片置于载玻片上，在载玻片上滴几滴1%亚甲基蓝溶液。约1h后用清水将载玻片上的亚甲基蓝清洗干净，盖上盖玻片。

(3)观察：将上述制备好的加固古木染色切片置于荧光显微镜下观察，用黄色荧光照射。

11.1.4　FTIR 分析

(1)试样制备

酚醛树脂加固古木、自然固化酚醛树脂(酚醛树脂加固古木浸渍完成后，将剩余酚醛树脂溶液自然晾干呈固体状态)。分别将上述两种试样制成可过200目筛的粉，气干，在室温下与KBr压片。

(2)实验设备及计算方法

参照5.1.3.2与5.1.3.3。

11.2　实验结果与分析

11.2.1　结晶度及晶区尺寸分析

从图11-1可以看出，$2\theta = 22.3°$是(002)面的衍射极大峰值，$2\theta = 34.3°$是(040)面的衍射极大峰值，$2\theta = 18.2°$是非结晶背景衍射的散射强度极小峰值。将酚醛树脂加固古木(图9-1)和未加固古木素材(图3-1)2θ衍射强度曲线进行对

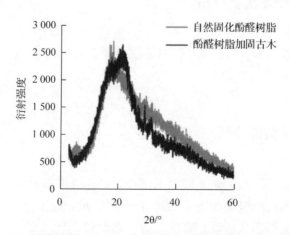

图 11-1　酚醛树脂加固古木和自然固化酚醛树脂 2θ 衍射强度曲线

比可以看出：加固后古木（002面）衍射极大峰值略有下降，但 $2\theta = 18°$ 附近非晶区散射强度极小峰值下降相对更明显，因此，加固后相对结晶度仍然有所增加。另外，两条曲线的3个主要峰值位置几乎没有变化，只是峰值大小有所改变，说明酚醛树脂的引入没有改变纤维素分子结晶区的晶胞构造。两条曲线形状局部略有差异，是由于酚醛胶的干涉影响造成的叠加效果。

经拟合计算后，酚醛树脂加固古木相对结晶度为16.49%，未加固古木相对结晶度为5.35%。固化后的酚醛树脂具支链结构，不属线性高分子，不存在结晶区。本实验也通过XRD测试分析证明固化酚醛树脂的结晶度为0。因此，加固后古木相对结晶度的增加全部源于自身纤维素结晶度的增加。这说明酚醛树脂虽然自身不存在结晶度，但其引入可以促成古木纤维素结晶度的增加。推断其原因：用于加固古木的酚醛树脂原始分子量很小，固含量为42%时黏度仅有16 s。在加固古木自然干燥过程中，不完善晶区（过渡区）的小分子不断缩聚成大分子，也许是这个过程促成了非晶区和过渡区的结晶化。Wardrop发现木材脱木质素后结晶度有所增加，他认为这是由于部分木质素存在于不完善晶区，这部分木质素的脱出，使不完善晶区的纤维素分子结晶化了[122]。木质素同酚醛树脂一样，都是聚酚类网状高分子化合物。对于纤维素中的不完善晶区，酚醛胶小分子缩聚过程和脱木质素过程起到了同样的作用，促进了不完善晶区向结晶区转化，进而减小了晶区宽度平均值。饱水古木晶区宽度为2.0 nm，酚醛树脂加固古木晶区宽度为1.5 nm。

11.2.2 SEM微观构造分析

从图11-2(a)可以看出，与图5-4(a)相比，酚醛树脂加固古木早材细胞壁饱满，细胞排列规则，绝大部分细胞腔无树脂沉积。个别细胞腔内有酚醛树脂沉积，如图11-2(a)中箭头所示，从横切面上看处于完全阻塞状态。这种情况在酚醛树脂加固古木横切面上只是偶见。这说明大部分酚醛树脂浸入了古木细胞壁内部起到了加固作用。

从图11-2(b)可以看出，与图5-4(b)相比，酚醛树脂加固古木细胞次生壁与胞间层结合得很好。

从图11-2(c)可以看出，加固古木细胞腔光滑，无酚醛树脂沉积。古木细胞壁上纹孔被酚醛树脂阻塞。这是酚醛树脂加固古木疏水性提高的主要原因。

图11-2(d)为放大3 500倍的加固古木弦切面细胞内壁。从图中可以明显看出，一层已固化的酚醛树脂薄层贴附在古木细胞腔表层。以这种形式沉积在细胞内的酚醛树脂也被视为"无效的"。这种情况在酚醛树脂加固古木中较少见。

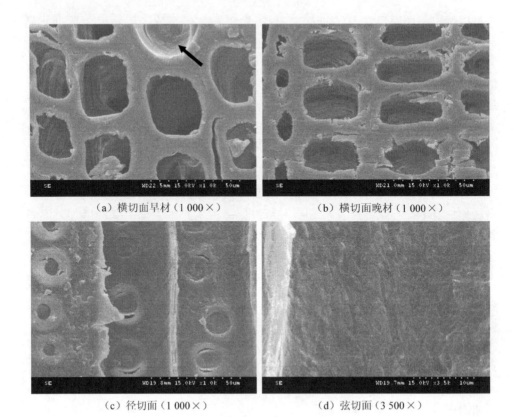

(a) 横切面早材（1 000×） (b) 横切面晚材（1 000×）

(c) 径切面（1 000×） (d) 弦切面（3 500×）

图 11-2　酚醛树脂加固古木 SEM 微观构造

11.2.3　荧光显微镜分析

从图 11-3(a)酚醛树脂加固古木横切面可以明显看出，早材绝大部分细胞壁发亮，晚材少部分细胞壁发亮，细胞腔几乎全部呈灰暗颜色。由于木质素的荧光效果已经被亚甲基蓝抑制，因此发亮部分为酚醛树脂所致。这说明加固古木早材细胞壁几乎全部浸入了的酚醛树脂，晚材有少部分细胞壁浸入了酚醛树脂分子，细胞腔内几乎无酚醛树脂。

从图 11-3(b)酚醛树脂加固古木弦切面可以明显看出，古木细胞壁颜色发亮，说明浸入了酚醛树脂。细胞腔绝大部分颜色相对灰暗，说明细胞腔内大部分无酚醛树脂。少部分细胞腔内可见红棕色斑块，如图 11-3(b)中箭头所指，为一定厚度的酚醛树脂层贴附在古木细胞内壁，前述图 11-2(d)也可以证明这一情况的存在。从图 11-3 整体可以明显看出，这一情况所占细胞腔空间比例较少。另外，从图中还可看出，绝大部分纹孔内呈棕红色，说明纹孔被酚醛树脂阻塞。前述图 11-2(c)也可以证明这一情况的存在。

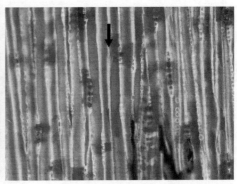

(a) 横切面（100×）　　　　　　　　(b) 弦切面（200×）

图 11-3　酚醛树脂加固古木荧光显微图

只有浸入古木细胞壁中的酚醛树脂才能够真正起到加固作用，增强古木的力学强度、优化古木尺寸稳定性、疏水性及耐腐性等。沉积在细胞腔内的块状树脂对加固古木各项性能优化几乎起不到任何促进作用，而且会起到一些反作用，如降低加固古木强重比。从上述两图可以看出，浸入古木内的酚醛树脂绝大部分沉积在了细胞壁内，少量以块状形式沉积在了细胞腔内。说明浸入古木内部的酚醛树脂绝大部分是"有效沉积"。

11.2.4　FTIR 分析

将酚醛树脂加固古木[图 11-4(b)]和未加固古木 FTIR 谱图[图 5-3(b)]进行对比发现，酚醛树脂加固古木相比未加固古木出现 2 个新的吸收峰：1 641 cm^{-1} 处为羧基（—COOH）上羰基（C=O）吸收峰。这是由于加固古木脱色过程中有草酸渗入，每个草酸分子含有 2 个羧基。1 140 cm^{-1} 处为甲阶酚醛树脂酚醚键（C—O—C）对称伸缩振动，由渗入古木内的酚醛树脂引起。因此，红外光谱不能证明古木化学成分与酚醛树脂发生反应生成了新的化学键或化学基团。

酚醛树脂酚羟基数量远多于醇羟基，其伸缩振动吸收峰位于 3 421 cm^{-1} 处；未加固古木中的羟基主要是源于多糖和木质素的醇羟基，也有少部分源于木质素的酚羟基。前述未加固古木羟基伸缩振动吸收峰位于 3 387 cm^{-1} 处。酚醛树脂加固后古木羟基伸缩振动吸收峰明显向高频移动，位于 3 415 cm^{-1} 处，说明浸入古木内部的树脂量较大，足以使羟基吸收峰位置向高频移动。

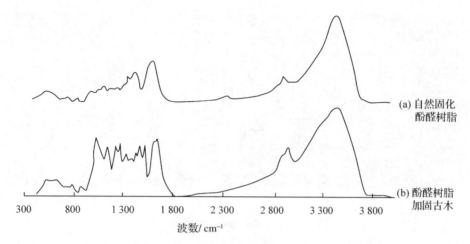

图 11-4　自然固化酚醛树脂及酚醛树脂加固古木 FTIR 谱图

表 11-1　酚醛树脂加固古木和自然固化酚醛树脂 FTIR 光谱特征频率及归属

分类	波数/cm^{-1}	官能团	吸光度	官能团归属说明
自然固化酚醛树脂	3 421	O—H	0.160	酚羟基 O—H 伸缩振动
	2 927	—CH—、—CH$_3$	0.026	C—H 伸缩振动
	1 634	C=O	0.041	羧基(—COOH)上羰基(C=O)的吸收峰
	1 461	C=C	0.029	C—H 弯曲振动，苯环的碳骨架振动
	1 140	C—O—C	0.015	甲阶酚醛树脂醚键的对称伸缩振动
	881	C—H	0.004	芳环 C—H 面外间位弯曲振动
酚醛树脂加固古木	3 415	O—H	0.085	O—H 伸缩振动
	2 929	—CH$_2$—、—CH$_3$	0.088	C—H 伸缩振动
	1 641	C=O	0.104	羧基(—COOH)上羰基(C=O)的吸收峰
	1 608	C=C	0.099	苯环的碳骨架振动
	1 510	C=C	0.091	苯环的碳骨架振动
	1 461	C—H、C=C	0.089	C—H 弯曲振动，苯环的碳骨架振动
	1 423	—CH$_2$—	0.078	CH$_2$ 剪式振动和弯曲振动
	1 379	C—H	0.067	CH 弯曲振动
	1 324	C—H	0.075	CH 面内弯曲振动
	1 267	C—O—C	0.097	木质素酚醚键 C—O—C 伸缩振动
	1 220	C—C、C—O	0.091	C—C 与 C—O 伸缩振动
	1 140	C—O—C	0.088	甲阶酚醛树脂醚键对称伸缩振动
	1 029	C—O	0.107	C—O 伸缩振动

酚醛树脂和酚醛树脂加固古木在 1 140 cm^{-1} 处都有 1 个小吸收峰,为酚醛树脂酚醚键的对称伸缩振动。酚醚键为酚醛树脂固化过程中的中间产物。从可溶可熔的甲阶酚醛树脂固化到不溶不熔的丙阶酚醛树脂,中间经历的反应可参见 10.1.2。在以往人们对酚醛树脂固化机理的研究中,通常认为酚醚键存在于甲阶和乙阶酚醛树脂,完全固化的丙阶酚醛树脂中不存在酚醚键。因此,加固古木酚醚键的存在说明浸入古木内部酚醛树脂固化度较低。但前述 10.6.6 中,酚醛树脂加固古木在自来水中质量损失率仅为 5.16%。甲阶酚醛树脂溶于水,乙阶和丙阶酚醛树脂不溶于水。因此,抗流失实验说明浸入古木内部的酚醛树脂至少已固化至乙阶酚醛树脂。综合以上分析说明,在常温下自然固化的加固古木内部酚醛树脂已经发生了一定程度的固化,但并没有形成大量的三维体型结构的丙阶酚醛树脂。古木内的酚醛树脂随着时间的推移会发生进一步的固化。

酚醛树脂在 1 634 cm^{-1} 处有 1 个明显吸收峰,为羧基(—COOH)上羰基(C=O)吸收峰。是由于酚醚键发生歧化反应,生成醛基和甲基[123]。

11.3 本章小结

(1)通过 X 射线衍射分析可知,未加固古木结晶度为 5.35%,酚醛树脂加固古木结晶度为 16.49%,酚醛树脂不存在结晶度,说明古木自身纤维素结晶度有所提高。推断是由于纤维素不完善晶区(过渡区)在酚醛树脂小分子缩聚过程中,纤维素分子链不断靠近,最终使不完善晶区结晶化。

(2)通过 SEM 微观构造观察发现,酚醛树脂绝大部分进入了古木细胞壁内,加固后的古木细胞壁饱满,次生壁与胞间层结合良好,细胞排列规则。极少部分细胞腔内沉积了酚醛树脂。加固古木的纹孔绝大部分被树脂阻塞。

(3)通过荧光显微分析可知,古木中绝大部分早材细胞壁和部分晚材细胞壁内沉积了酚醛树脂。只有极少部分的细胞腔内有酚醛树脂的沉积,通常是沉积在某细胞腔内的一小段。大部分纹孔被酚醛树脂沉积阻塞。

(4)通过 FTIR 分析可知,红外光谱不能说明酚醛树脂与古木化学成分发生反应生成了新的官能团。酚醛树脂加固古木中有酚醚键的存在,说明在自然常温固化条件下长时间陈放后,浸入古木内部的酚醛树脂发生了一定程度的固化,并且固化后酚醛树脂绝大部分已不溶于水,但仍未形成大量的三维体型丙阶酚醛树脂。

参考文献

[1] 闵锐. 云南剑川县海门口遗址第三次发掘[J]. 考古, 2009(8): 3-22, 97-102.

[2] 闵锐. 云南剑川县海门口遗址[J]. 考古, 2009(7): 18-23, 2, 104.

[3] KATAOKA T, KURIMOTO Y, KOHDZUMA Y. Conservation of archaeological waterlogged wood using lignophenol(Ⅱ)[J]. Mokuzai Hozon, 2007, 33(2): 63-72.

[4] 李玲. 考古出土木质文物变定的产生、回复及其永久性固定[J]. 中国文物科学研究, 2009(2): 53-55.

[5] Taniguchi T, Okamura K, Harada H, et al. Accessibility and density of cell walls unearthed buried woods[J]. Mokuzai Gakkaishi, 1986, 32: 738-743.

[6] Giachi G, Bettazzi F, Chimichi S, et al. Chemical characterisation of degraded wood in ships discovered in a recent excavation of the Etruscan and Roman harbour of Pisa[J]. Journal of Cultural Heritage, 2003, 4(2): 75-83.

[7] Passialis C N. Physico-chemical characteristics of waterlogged archaeological wood[J]. Holzforschung, 2009, 51(2): 111-113.

[8] 傅婷. 海门口遗址水淹木保存的研究[D]. 昆明: 西南林业大学, 2014.

[9] Uçar G, Yilgör N. Chemical and technological properties of 300 years waterlogged wood (Abies bornmülleriana M.)[J]. Holz Als Roh Und Werkstoff, 1995, 53(2): 129-132.

[10] Singh A, Kim Y, Wi S, et al. Evidence of the degradation of middle lamella in a waterlogged archaeological wood[J]. Holzforschung, 2003, 57(2): 115-119.

[11] 赵红英, 郝玉乐, 王鑫晓, 等. 河南信阳长台关七号墓出土棺木化学结构分析[J]. 林业科学, 2008(5): 170-172.

[12] 徐润林. 饱水木质文物的细菌病害及其诊断技术的进展[J]. 文物保护与考古科学, 2013, 25(3): 104-110.

[13] 潘彪, 翟胜丞, 樊昌生. 李洲坳东周古墓棺木用材树种鉴定及材性分析[J]. 南京林业大学学报(自然科学版), 2013, 37(3): 87-91.

[14] 肖嶙, 唐欢, 杨弢, 等. 出土竹筒饱水保存期间微生物病害的初步研究[J]. 文物世界, 2014(3): 77-80.

[15] Winandy J E, Morrell J J. Relationship between incipient decay, strength, and chemical composition of Douglas-fir heartwood[J]. Wood and Fiber Science, 1993, 25(3): 278-288.

[16] Curling S F, Clausen C A, Winandy J E. Relationships between mechanical properties, weight loss, and chemical compositions of wood during incipient brown-rot decay[J]. Forest Product Journal, 2002, 52(7): 34-39.

[17] Singh A P, Hedley M E, Page D R, et al. Microbial degradation of CCA-treated cooling tower timbers[J]. IAWA Bulletin n. s, 1992, 13(2): 215-231.

[18] Blanchette R A. Biodeterioration of archaeological wood[J]. Biodeterioration Abstract, 1995,

9:113-127.

[19] Singh A P, Wakeling R N. Presence of widespread bacterial attacks in preservative-treated cooling tower timbers[J]. New Zealand Journal of Forestry Science. 1997, 27:79-85.

[20] Kim Y S, Singh A P. Micromorphological characteristics of compression wood degradation in waterlogged archaeological pine wood[J]. Holzforschung, 1999, 53(4):135-155.

[21] Kim Y S, Singh A P. Imaging degraded wood by confocal microscopy[J]. Microscopy Today, 1998, 98(4):14.

[22] Singh A P, Butcher J A. Bacterial degradation of wood cell walls: a review of degradation patterns[J]. Journal of the Institute of Wood Science, 1991, 12:143-157.

[23] Singh A P, Nilsson T, Daniel G F. Bacterial attack of Pinus sylvestris wood under near-anaerobic conditions[J]. Journal of the Institute of Wood Science, 1990, 11:237-249.

[24] Kim Y S. Micromorphology of degraded archaeological pine wood in waterlogged situation[J]. Materials and organisms, 1989, 24:271-286.

[25] Kim Y S, Singh A P, Nilsson T. Bacteria as important degraders in waterlogged archaeological woods[J]. Holzforschung, 1996, 50(5):389-392.

[26] Kim Y S, Singh A P. Ultrastructural aspects of bacterial attacks on a submerged ancient wood [J]. Mokuzai Gakkaishi, 1994, 40(5):554-562.

[27] Kim Y S, Singh A P. Micromorphological characteristics of compression wood degradation in waterlogged archaeological pine wood[J]. Holzforschung, 1999, 53(4):381-385.

[28] 楼卫, 吴健, 李东风. 跨湖桥独木舟遗址微生物种类及区域分布状况研究[J]. 文物, 2014(7):88-93.

[29] Bjurhager I, Halonen H, Lindfors E. State of degradation in archeological oak from the 17th Century Vasa Ship: substantial strength loss correlates with reduction in(Holo)cellulose molecular weight[J]. Biomacromolecules, 2012, 13(8):2521-2527.

[30] Lindfors E, Lindstrom M, Iversen T. Polysaccharide degradation in waterlogged oak wood from the ancient warship Vasa[J]. Holzforschung, 2008, 62(1):57-63.

[31] Grattan D W, Clark R W. Conservation of waterlogged wood colin pearson[M]. London: Butterworths press, 1987:187.

[32] 王鑫晓. 饱水木质文物保护的研究[D]. 郑州:郑州大学, 2006.

[33] 吴东波, 张绍志, 陈光明. 冻干法保存饱水木质文物研究进展[J]. 真空, 2009, 46(6):67-70.

[34] Hoffmann P, Singh A, Kim Y S, et al. The Bremen cog of 1380-an electron microscopic study of its degraded wood before and after stabilization with PEG[J]. Holzforschung, 2004. 58:211-218.

[35] 李昶根, 金益洙, 金镛汉, 等. 十四世纪失事船舶的保护[J]. 文物保护与考古科学, 1998(2):3-5.

[36] 张金萍, 周健林. 饱水木质文物的蔗糖保护法[J]. 中原文物, 2000(3):57-60.

[37] Devallencourt C, Saiter J M, Capitaine D. Reactions between melamine formaldehyde resin and cellulose: Influence of pH[J]. Applied Polymer Science, 2000, 78(11):1884-1896.

[38] 王晓琪, 熊晓鹏, 王昌燧. Kauramin 法加固饱水古木件的机理[J]. 文物保护与考古科学, 2006(2): 34-40.

[39] 王丽琴, 王蕙贞, 宋迪生. 古代木质品的防腐加固处理[J]. 文物保护与考古科学, 1994(2): 16-19.

[40] 赵红英, 崔国士, 王经武. 出土饱水梓木的辐射法保护[J]. 辐射研究与辐射工艺学报, 2008(2): 116-121.

[41] Roger M R, 于平陵, 张晓梅. 有待开发的木质文物处理技术: 细胞壁聚合物的化学改性[J]. 文物保护与考古科学, 1997(2): 48-54.

[42] 王世敏, 张岚. 古铜矿遗址地表坑木的保护[J]. 文物保护与考古科学, 1993(1): 9-16.

[43] Jense P, Jensen J B. Dynamic model for vacuum freeze-drying of waterlogged archaeological wooden artifacts [J]. Journal of Cultural Heritage, 2006, 7: 156-165.

[44] Ulrich S, Sand A, Poul J. Determination of maximum freeze drying temperature for PEG-impregnated archaeological wood [J]. Studies on conservation, 2007, 52(1): 50-58.

[45] 房园园. 木质文物真空冷冻干燥脱水研究[D]. 杭州: 浙江大学, 2011.

[46] 解玉林, 徐方圆, 徐文娟, 等. 志丹苑元代水闸遗址木质文物保护前期工作[J]. 文物保护与考古科学, 2012, 24(S1): 25-32.

[47] 陈丽娜, 刘晨, 王译晗, 等. 响应面优化超临界萃取红松松针挥发油的工艺[J]. 食品工业, 2019, 40(12): 46-49.

[48] Barry K, David J, Cole H, et al. Supercritical drying: a new method for conserving waterlogged archaeological materials [J]. Studies on conservation, 2000, 4(45): 233-252.

[49] 梁永煌, 满瑞林, 倪网东, 等. 超临界 CO_2 萃取干燥技术及其在饱水文物脱水中的研究进展[J]. 应用化工, 2010, 39(3): 437-440.

[50] 梁永煌, 满瑞林, 王宜飞, 等. 饱水竹木漆器的超临界 CO_2 脱水干燥研究[J]. 应用化工, 2011, 40(5): 839-841, 843.

[51] 江旭东. 超临界干燥技术原理及其在饱水木质文物中应用[J]. 江汉考古, 2014(S1): 104-109.

[52] 张立明, 黄文川, 何爱平, 等. 自然干燥法在保护西汉饱水漆耳杯中的应用[J]. 文物保护与考古科学, 2005(4): 44-47.

[53] 张金萍, 章瑞. 考古木材降解评价的物理指标[J]. 文物保护与考古科学, 2007(2): 34-37.

[54] 赵红英, 王经武, 崔国士. 饱水木质文物的理化性能和微观结构表征[J]. 东南文化, 2008(4): 89-92.

[55] Kaye B. Consernation of waterlogged archaeological wood[J]. Chemaical Society Reviews, 1995, 35-43.

[56] 邱祖明, 方北松, 吴顺清. 饱水考古木材含水率与收缩率相关性分析[A]. 东亚文化遗产保护学会. Proceedings of 3rd International Symposium on Conservation of Cultural Heritage in East Asia[C]. 东亚文化遗产保护学会: 中国文物保护技术协会, 2013: 5.

[57] 陈家昌, 柴东朗, 周敬恩, 等. "活性碱"对出土干缩变形木质文物的润胀复原研究[J].

功能材料, 2010, 41(8): 1450-1453, 1457.

[58] 张振军. 乳糖醇处理出土饱水古木的研究[D]. 南京: 南京林业大学, 2006.

[59] Giachi G, Bettazzi F, Chimichi S, et al. Chemical characterisation of degraded wood in ships discovered in a recent excavation of the Etruscan and Roman harbour of Pisa[J]. Journal of Cultural Heritage, 2003, 4(2), 75-83.

[60] Passialis C N. Physoco-chemical characteristics of of waterlogged archaeological wood[J]. Holzforschung, 1997, 51(2): 111-113.

[61] Ucar G, Yillgor N. Chemical and technological properties of 300 years waterlogged wood[J]. Holz als Roh-und Werkstoff, 1995, 53(2): 129-132.

[62] Rowell R M. Chemistry of solid wood[M]. Washington D. C.: American Chemical Society, 1984: 79.

[63] Rowell R M. Handbook of wood chemistry and wood posites [M]. London: CRC Press, 2005: 45.

[64] 刘一星, 赵广杰. 木质资源材料学[M]. 北京: 中国林业出版社. 2003.

[65] Inagaki T, Siesler H W, Mitsui K, et al. Difference of the crystal structure of cellulose in wood after hydrothermal and aging degradation: a NIR spectroscopy and XRD study [J]. Biomacromolecules, 2010, 11(9): 2300-2305.

[66] Holt D M, Jones E B. Bacterial degradation of lignified wood cell walls in anaerobic aquatic habitats [J]. Applied and Environmental Microbiology, 1983, 46(3): 722-727.

[67] Landy E T, Michell J I, Hotchkiss S, et al. Bacterial diversity associated with archaeological waterlogged wood: Ribosomal RNA clone libraries anddenaturing gradient gel electrophoresis (DGGE)[J]. International Biodeterioration & Biodegradation, 2008, 61(1-2)106-116.

[68] Boutelje J, Bravery A F. Observations on the bacterial attack of piles supporting a Stockholm building [J]. Journal Institute Wood Science, 1968, 20(4): 47-57.

[69] Daniel G, Nilsson T. Developments in the study of soft rot and bacterial decay [C]// Bruce A, Palfreyman J W. Forest Products Biotechnology. London: Taylor & Francis, 1997: 37-62.

[70] Mitchell J I, Pang K L, Jones M, et al. Molecular bacterial diversity in the timbers of the Tudor warship the Mary Rose [C]// May E, Jones E, Mitchell J. Heritage Microbiology and Science. The Royal Society of Chemistry, 2008, 315: 204-218.

[71] Pointing S B, Hyde K D. Lignocellulose degrading marine fungi[J]. Biofouling, 2000, 15 (1-3): 221-229.

[72] Blanchette R A. A review of microbial deterioration found in archaeological wood from different environments [J]. International Biodeterioration & Biodegradation, 2000, (46): 189-204.

[73] Mouzouras R. Soft rot decay of wood by marine microfungi [J]. Journal of theInstitute of Wood Science, 1989, 11(5): 193-201.

[74] Hyde K D, Pointing S B. A practical approach: Fungal diversity research series [J]. Marine Mycology, 2000, 1: 113-136.

[75] Barghoorn E S, Linder D H. Marine fungi: their taxonomy and biology [J]. Far-lowia, 1944

(1): 395-467.

[76] 郭梦麟, 蓝浩繁, 邱坚. 木材腐朽与维护[J]. 北京: 中国计量出版社, 2010.

[77] 邬智高, 谭波. 氢化松香及其甘油酯的生产和应用[J]. 化工技术与开发, 2008(9): 21-27.

[78] 祝远姣, 陈小鹏, 王琳琳, 等. 氢化松香制备与应用[J]. 化工时刊, 2006(10): 71-74.

[79] 李淑君, 阮氏清贤, 韩世岩, 等. 松香在木材防腐中的应用[J]. 林产化学与工业, 2011, 31(5): 117-121.

[80] 李淑君, 王晓菲, 李坚. 两种水基松香制剂对木材的保护作用[C]//国家林业局, 广西壮族自治区人民政府, 中国林学会. 第二届中国林业学术大会: S11 木材及生物质资源高效增值利用与木材安全论文集. 2009.

[81] 欧荣贤, 王清文. 马来松香对木粉/HDPE 复合材料流变性质的影响[J]. 林业科学, 2009, 45(5): 126-131.

[82] Makerekk H, Roger E, Varsanyo A. The acetone/rosin method for conversation of waterlogged wood[J]. Studies in conservation, 1974, (19): 111-125.

[83] 廖亚龙, 彭金辉, 刘中华. 国内外紫胶深加工技术现状及趋势[J]. 林业科学, 2007(7): 93-100.

[84] 张汝国, 张弘, 郑华, 等. 紫胶树脂的应用与展望[J]. 西南林学院学报, 2010, 30(2): 89-94.

[85] Karin G B, Leonhard Z Cosmetic Product Containing Shellac: US0164362A1[P]. 2002-11-07.

[86] De la P V, Bernard P. Nail Enamel Compositions Containing Film forming Polymers and Viscosity Enhancers: J P 63241[P]. 2000-02-29.

[87] 李伟年. 护发品用天然聚合物: 紫胶[J]. 日用化学品科学, 1993(5): 41-44.

[88] 甘瑾, 马李一, 张弘, 等. 漂白紫胶涂膜对甜樱桃常温贮藏品质的影响[J]. 江苏农业学报, 2009, 25(3): 650-654.

[89] 甘瑾, 张弘, 马李一, 等. 纳米 SiO_x 漂白紫胶复合膜对椪柑常温贮藏品质的影响[J]. 食品科学, 2009, 30(18): 385-388.

[90] 唐莉英, 赵虹, 陈军, 等. 紫胶可食性内包装膜成膜特性及应用研究[J]. 食品科学, 2003(1): 23-27.

[91] Sontaya L, Chutima L, Satit P, et al. Enhanced enteric properties and stability o f shellac films through composite salts formation[J]. European Journal of Pharmaceutics and Biopharmaceutics, 2007, 67(3): 690-698.

[92] Sontaya L, Danuch P, Chutima L, et al. Formation of shellac succinate having improved enteric film properties through dry media reaction [J]. European Journal of Pharmaceutics and Biopharmaceutics, 2008, 70(1): 335-344.

[93] Bao T H, Hung H T, Lan T H, et al. Evaluation of natural resin-based new material (Shellac) as a potential desensitizing agent [J]. Dental Materials, 2008(24): 1001-1007.

[94] Ray D, Sengupta S P, Rana A K, et al. Static and dynamic mechanical properties of vinylester resin matrix composites reinforced with shellac-treated jute yarns[J]. Industrial and Engi-

neering Chemistry Research, 2006, 45(8): 2722-2727.

[95] 郑琳, 姚兴东. 有机质文物保护中的防霉抗菌技术与应用[J]. 广西民族大学学报(自然科学版), 2014, 20(3): 94-97, 113.

[96] 卢衡, 刘莺, 靳海斌, 等. 置换填充法稳定浙江安吉出土饱水木俑的研究[C]//中国文物保护技术协会. 中国文物保护技术协会第六次学术年会论文集. 北京: 科学出版社出版, 2009: 8.

[97] Schultz T P, Darrel D N, Jenny S. Water Repellency and dimensional stability of wood treated with waterborne resin acids[C]//IRG 38: The 38th International Research Group on Wood Protection Annual Meeting, 2007.

[98] 赵广杰. 木材中的纳米尺度、纳米木材及木材-无机纳米复合材料[J]. 北京林业大学学报, 2002(Z1): 208-211.

[99] 蒋挺大. 甲壳素[M]. 北京: 中国环境科学出版社, 1999.

[100] 董炎明, 汪剑炜, 袁清. 甲壳素: 一类新的液晶性多糖[J]. 化学进展, 1999(4): 3-5.

[101] 夏璐. 可溶性淀粉脱水加固定型出土饱水木质文物研究[J]. 江汉考古, 2013(1): 113-116, 2.

[102] 刘晓峰, 陈雪礼, 涂艳. 不同分子量壳聚糖对临床大肠埃希菌菌株被膜形成的影响[J]. 现代预防医学, 2014, 41(4): 704-706, 709.

[103] Fujimoto T, Tsuchiya Y, Terao M, et al. Antibacterial effects of chitosan solution against Legionella pneumophila, Escherichia coli, and Staphylococcus aureus[J]. International Journal of Food Microbiology, 2006, 112: 96-101.

[104] Liu N, Chen X G, Park H J, et al. Effect of MW and concentration of chitosan on antibacterial activity of Escherichia coli[J]. Carbohydrate Polymers, 2006, 64: 60-65.

[105] Chien P J, Sheu F, Lin H R. Coating citrus (Murcott tangor) fruit with low molecular weight chitosan increases post-harvest quality and shelf life[J]. Food Chemistry, 2007, 100: 1160-1164.

[106] Xu J G, Zhao X M, Han X W, et al. Antifungal activity of oligochitosan against Phytophthora capsici and other plant pathogenic fungi in vitro[J]. Pesticide Biochemistry and Physiology, 2007, 87: 220-228.

[107] 张一妹. 壳聚糖可食膜的制备及其对蓝莓的保鲜作用[D]. 青岛: 中国海洋大学, 2013.

[108] 方健. 壳聚糖基膜材料的制备、性能与结构表征[D]. 北京: 北京林业大学, 2013.

[109] 李博. 止血用壳聚糖的质量和安全控制研究[D]. 无锡: 江南大学, 2012.

[110] 周家村, 胡广敏. 纯壳聚糖纤维工业化环保纺丝技术与应用[J]. 纺织学报, 2014, 35(2): 157-161.

[111] 张威. 纳米壳聚糖的制备及降脂活性研究[D]. 无锡: 江南大学, 2013.

[112] 李家宁, 段新芳, 孙芳利, 等. 壳聚糖及其金属配位聚合物在木材工业中的应用现状与展望[J]. 林产工业, 2006(6): 8-12.

[113] 李家宁, 段新芳, 王新爱, 等. 木材防腐剂壳聚糖金属配位聚合物合成条件的优化

[J]. 西北农林科技大学学报(自然科学版),2007(5):231-234.
[114] 段新芳,孙芳利,朱玮,等. 壳聚糖处理对木材染色的助染效果及其机理的研究[J]. 林业科学,2003(6):126-130.
[115] 段新芳. 壳聚糖处理木材表面的材色变化及对表面加工的影响[J]. 木材工业,1999(6):3-5.
[116] 段新芳,李坚,刘一星. 壳聚糖前处理染色木材耐光性的研究[J]. 木材工业,1998(5):3-5.
[117] 张佳,郭康权,王英,等. 酸化壳聚糖制备木材胶粘剂的工艺研究[J]. 西北林学院学报,2009,24(5):144-146,199.
[118] 崔兆玉,于钢,钱学仁,等. 壳聚糖引入桦木的防腐处理[J]. 东北林业大学学报,2002(2):107-108.
[119] 顾继友. 胶粘剂与涂料[M]. 北京:中国林业出版社,1999.
[120] 钟磊. 耐高温酚醛树脂的合成及其改性研究[D]. 武汉:武汉理工大学,2010.
[121] 陈功. 回收热固性酚醛树脂研究[D]. 武汉:湖北大学,2012.
[122] Wardrop A B. The structure and formation of the cell wall in xylem[C]//Martin H. Zimmermann. The formation of wood in forest trees. New York:Academia press,1963,87-164.
[123] 王正熙. 聚合物红外光谱分析和鉴定[M]. 成都:四川大学出版社,1989:159-168.

附　录

附录 A1　天然树脂加固法的饱水古木基本情况

序号	古木所在探坑编号	两端直径 A/cm	中间直径 /cm	两端直径 B/cm	饱水质量 /kg	总长度 /cm	泥下尺寸 /cm	尖削尺寸 /cm	年代
1	AT2001-03	18.5	18.5	18.1	26.35	167	87	—	晚
2	AT2001-04	10.5	11.8	11.1	13.55	150	85	34	中
3	AT2001-06	11.6	11.7	10.6	6.65	79	29	—	中
4	AT2001-11	11.4	12.2	12.4	14.85	146	50	35	中
5	AT2001-12	8.0	7.1	7.4	1.85	48	17	—	早
6	AT2001-22	13.1	12.8	11.4	13.85	169	38	66	中
7	AT2001-26	13.4	13.5	12.0	4.90	88	10	—	中
8	AT1901-01	15.4	15.9	14.8	25.90	150	41	—	晚
9	AT1901-03	13.3	13.4	11.1	7.30	80	39	30	中
10	AT1901-04	11.2	10.6	14.1	6.95	79	36	31	中
11	AT1901-05	9.5	9.6	9.3	4.45	68	33	—	中
12	AT1901-08	11.0	11.4	10.5	8.70	99	28	—	中
13	AT1901-12	8.9	9.8	10.7	6.65	97	35	43	中
14	AT1901-13	14.4	13.6	12.2	4.20	65	16	—	中
15	AT1901-14	12.2	9.6	6.2	4.80	82	20	—	中
16	AT1901-16	15.0	15.2	13.3	7.10	128	61	—	中
17	AT1901-23	9.7	11.5	10.1	6.05	75	26	23	中
18	DT1802-01	8.1	9.75	5.21	10.05	217	横的	—	中
19	DT1802-03	11.3	11.3	9.7	2.95	53	11	—	中
20	DT1802-05	3.7	3.5	3.2	0.75	66	20	—	早
21	DT1802-07	6.2	5.9	5.2	1.90	70	26	—	早
22	DT1801-01	6.3	6.3	6.0	2.30	77	20	31	中
23	AT2005-02	15.6	16.5	16.6	29.70	191	44	38	晚
24	AT2005-03	8.2	8.5	9.2	2.90	60	32	16	早
25	AT2005-06	10.7	9.8	8.3	6.30	104	46	—	晚
26	AT2005-07	7.3	8.6	8.8	6.10	115	23	20	中
27	AT2005-08	8.6	8.5	7.9	4.10	87	18	22	早
28	AT2005-09	9.7	10.4	8.8	5.25	77	28	—	中
29	AT2005-10	7.5	8.3	7.5	1.30	75	26	—	中

（续）

序号	古木所在探坑编号	两端直径 A/cm	中间直径/cm	两端直径 B/cm	饱水质量/kg	总长度/cm	泥下尺寸/cm	尖削尺寸/cm	年代
30	AT2005-11	13.8	11.4	11.1	5.55	77	46	18	中
31	AT2005-12	6.4	5.7	5.8	2.00	73	32	—	早
32	AT2005-13	10.9	10.9	10.1	9.05	95	50	—	中
33	AT2005-14	6.6	7.2	5.9	2.75	72	22	—	早
34	AT2005-18	5.6	4.9	5.3	1.65	65	17	—	早
35	AT2005-19	4.0	3.6	3.8	0.80	53	19	—	早
36	AT2004-01	11.3	11.4	8.5	6.40	95	32	—	中
37	AT2004-03	8.2	8.1	7.1	1.55	51	31	—	中
38	AT2004-05	13.0	13.1	12.0	5.35	79	横的	—	早
39	AT2004-09	10.6	10.3	9.6	4.40	74	7	—	中
40	AT2104-05	12	11.3	10.8	9.30	102	8	—	中
41	AT2104-07	9.6	10.0	9.4	3.00	76	15	8	中
42	AT2105-04	9.0	8.6	9.1	7.85	130	50	81	中
43	AT2105-05	9.0	9.0	8.7	5.70	119	9	—	中
44	AT2105-06	9.9	9.6	8.1	4.20	74	19	—	中
45	AT2105-08	9.7	10.1	9.6	3.35	44	6	—	中
46	AT2105-10	5.5	5.7	5.0	1.50	67.4	11	—	中
47	AT2105-14	9.3	8.8	9.2	4.00	72	11	36	中
48	AT2105-15	6.6	6.3	6.5	2.45	73	9	—	早
49	AT2105-17	4.6	5.3	4.4	1.05	63	8	—	早
50	AT2106-01	8.9	9.1	8.8	2.65	48	—	—	早
51	AT2106-02	9.7	9.5	9.9	5.20	74	—	32	中
52	AT2106-06	6.6	6.8	6.5	1.15	32	13	9	早
53	AT2106-09	8.9	8.7	8.1	1.10	102	13	—	中
54	AT2106-11	10.4	10.5	10.6	2.45	57	30	17	中
55	AT2106-12	7.7	8.0	7.9	4.20	84	33	16	早
56	DT1803-01	21.1	21.4	21.2	52.25	175	55	53	晚
57	DT1803-02	15.6	14.4	11.7	21.30	155	40	—	晚
58	DT1803-03	19.1	18.2	18.3	47.39	195	70	80	晚
59	DT1803-04	17.1	17.6	16.6	36.40	186	71	—	晚
60	DT1803-05	13.5	14.1	13.6	21.95	184	50	60	晚
61	DT1803-07	11.8	12.8	11.4	15.95	158	54	—	晚

注：表中"—"表示"无泥下部分"或"无尖削部分"。

附录 A2 天然树脂加固古木脱水干缩率、加固干缩率和估算载药量

序号	古木编号	脱水后中间直径/cm	脱水后总长度/cm	加固后中间直径/cm	加固后质量/kg	加固后总长度/cm	脱水干缩率(横向)/%	脱水干缩率(纵向)/%	加固干缩率(横向)/%	加固干缩率(纵向)/%	估算载药量/%	脱水干缩率比加固干缩率(横向)/%	脱水干缩率比加固干缩率(纵向)/%	沉积在古木中加固试剂质量/kg
1	AT2001-03	18.5	167	17.80	7.55	164.0	0.00	0.00	3.78	1.80	76.78	0.00	0.00	2.98
2	AT2001-04	11.8	150	11.20	4.55	148.0	0.00	0.00	5.08	1.33	107.18	0.00	0.00	2.14
3	AT2001-06	11.6	79	10.55	1.60	77.0	0.85	0.00	9.83	2.53	48.45	8.70	0.00	0.47
4	AT2001-11	12.2	146	11.45	4.25	145.4	0.00	0.00	6.15	0.41	76.58	0.00	0.00	1.68
5	AT2001-12	7.1	48	6.95	0.50	46.2	0.00	0.00	2.11	3.85	66.75	0.00	0.00	0.18
6	AT2001-22	12.7	168	11.65	5.25	165.0	0.78	0.59	8.98	2.37	133.87	8.70	25.00	2.73
7	AT2001-26	13.5	88	12.25	1.35	86.8	0.00	0.00	9.26	1.70	69.98	0.00	0.00	0.51
8	AT1901-01	15.8	150	14.90	7.70	148.5	0.63	0.00	6.29	1.00	83.43	10.00	0.00	3.18
9	AT1901-03	13.4	80	11.90	2.00	78.5	0.00	0.00	11.19	1.88	69.04	0.00	0.00	0.74
10	AT1901-04	10.5	79	10.20	1.95	78.0	0.94	0.00	3.77	1.27	73.11	25.00	0.00	0.75
11	AT1901-05	9.55	67.4	9.00	1.20	67.0	0.52	0.15	6.25	0.74	66.38	8.33	20.00	0.44
12	AT1901-08	11.3	98.5	9.95	2.20	95.5	0.88	0.51	12.72	3.54	56.02	6.90	14.29	0.72
13	AT1901-12	9.75	96.5	9.40	1.85	95.0	0.51	0.52	4.08	2.06	71.64	12.50	25.00	0.70
14	AT1901-13	13.55	64.9	11.65	1.20	64.0	0.37	0.15	14.34	1.54	76.28	2.56	10.00	0.47
15	AT1901-14	9.6	82	9.05	1.35	81.1	0.00	0.00	5.73	1.10	73.53	0.00	0.00	0.52
16	AT1901-16	15.1	128	14.40	2.05	127.0	0.66	0.00	5.26	0.78	78.14	12.50	0.00	0.82
17	AT1901-23	11.5	75	10.90	1.85	74.5	0.00	0.00	5.22	0.67	88.66	0.00	0.00	0.79
18	DT1802-01	9.7	216	9.65	3.95	215.0	0.41	0.46	0.92	0.92	142.50	44.44	50.00	2.11
19	DT1802-03	11.2	53	10.75	0.70	52.5	0.88	0.00	4.87	1.04	46.40	18.18	0.00	0.20
20	DT1802-05	3.5	66	3.40	0.25	65.3	0.00	0.00	2.86	1.06	105.66	0.00	0.00	0.12
21	DT1802-07	5.85	69.9	5.40	0.55	68.5	0.85	0.14	8.47	2.14	78.60	10.00	6.67	0.22
22	DT1801-01	6.3	77	6.25	0.70	75.5	0.00	0.00	0.79	1.95	87.78	0.00	0.00	0.30
23	AT2005-02	16.4	191	14.90	11.50	190.5	0.61	0.00	9.70	0.26	138.90	6.25	0.00	6.08
24	AT2005-03	8.45	60	8.20	0.80	57.5	0.59	0.00	3.53	4.17	70.20	16.67	0.00	0.30
25	AT2005-06	9.7	104	8.95	1.90	103.8	1.02	0.00	8.67	0.19	86.07	11.76	0.00	0.80
26	AT2005-07	8.6	114.5	8.40	1.90	114.0	0.00	0.43	2.33	0.87	92.17	0.00	50.00	0.83
27	AT2005-08	8.5	86.5	7.70	1.10	84.5	0.00	0.57	9.41	2.87	65.53	0.00	20.00	0.40
28	AT2005-09	10.3	77	9.60	1.25	75.5	0.96	0.00	7.69	1.95	46.90	12.50	0.00	0.36
29	AT2005-10	8.3	74.8	7.80	0.45	74.2	0.00	0.27	6.02	1.07	113.57	0.00	25.00	0.22
30	AT2005-11	11.35	76.83	10.80	1.45	75.5	0.44	0.22	5.26	1.95	61.19	8.33	11.33	0.50
31	AT2005-12	5.7	73	5.60	0.55	71.5	0.00	0.00	1.75	2.05	69.67	0.00	0.00	0.21
32	AT2005-13	10.8	94.8	10.10	2.35	94.0	0.92	0.21	7.34	1.05	60.21	12.50	20.00	0.80

(续)

序号	古木编号	脱水后中间直径/cm	脱水后总长度/cm	加固后中间直径/cm	加固后质量/kg	加固后总长度/cm	脱水干缩率(横向)/%	脱水干缩率(纵向)/%	加固干缩率(横向)/%	加固干缩率(纵向)/%	估算载药量/%	脱水干缩率比加固干缩率(横向)/%	脱水干缩率比加固干缩率(纵向)/%	沉积在古木中加固试剂质量/kg
33	AT2005-14	7.2	72	7.05	0.80	69.0	0.00	0.00	2.08	4.17	79.49	0.00	0.00	0.32
34	AT2005-18	4.9	65	4.70	0.45	64.5	0.00	0.00	4.08	0.77	68.27	0.00	0.00	0.17
35	AT2005-19	3.6	53	3.50	0.20	51.5	0.00	0.00	2.78	2.83	54.25	0.00	0.00	0.06
36	AT2004-01	11.3	94.6	10.50	2.10	94.0	0.88	0.42	7.89	1.05	102.45	11.11	40.00	0.97
37	AT2004-03	8.1	51	7.25	0.45	49.7	0.00	0.00	10.49	2.55	79.12	0.00	0.00	0.18
38	AT2004-05	13.1	79	12.80	1.45	78.0	0.00	0.00	2.29	1.27	67.22	0.00	0.00	0.53
39	AT2004-09	10.3	74	9.90	1.20	72.5	0.00	0.00	3.88	2.03	68.27	0.00	0.00	0.44
40	AT2104-05	11.2	101.5	10.85	2.40	100.0	0.88	0.49	3.98	1.96	59.22	22.22	25.00	0.81
41	AT2104-07	9.9	75.8	9.75	0.80	75.0	1.00	0.26	2.50	1.32	64.53	40.00	20.00	0.29
42	AT2105-04	8.6	130	8.40	2.30	127.0	0.00	0.00	2.33	2.31	80.77	0.00	0.00	0.93
43	AT2105-05	/	/	/	/	/	/	/	/	/	/	/	/	/
44	AT2105-06	9.6	74	8.70	1.05	71.0	0.00	0.00	9.38	4.05	54.25	0.00	0.00	0.34
45	AT2105-08	10.05	43.8	9.75	0.95	43.0	0.50	0.23	3.47	2.05	74.96	14.29	11.11	0.37
46	AT2105-10	5.65	67.1	5.55	0.50	66.5	0.88	0.45	2.63	1.34	105.66	33.33	33.33	0.23
47	AT2105-14	8.8	72	8.40	1.05	71.3	0.00	0.00	4.55	0.97	61.61	0.00	0.00	0.37
48	AT2105-15	6.3	72.8	6.15	0.65	72.0	0.00	0.27	2.38	1.37	63.69	0.00	20.00	0.23
49	AT2105-17	5.3	63	5.20	0.30	62.0	0.00	0.32	1.89	1.90	76.28	0.00	16.67	0.12
50	AT2106-01	9.1	48	8.95	0.70	47.0	0.00	0.00	1.65	2.08	62.98	0.00	0.00	0.25
51	AT2106-02	9.4	74	9.25	1.40	73.0	1.05	0.00	2.63	1.35	66.11	40.00	0.00	0.51
52	AT2106-06	6.8	32	6.55	0.30	31.5	0.00	0.00	3.68	1.56	60.95	0.00	0.00	0.10
53	AT2106-09	/	/	/	/	/	/	/	/	/	/	/	/	/
54	AT2106-11	10.5	56.8	9.80	0.80	55.5	0.00	0.35	6.67	2.63	101.46	0.00	13.33	0.37
55	AT2106-12	8	83.9	7.80	1.20	82.0	0.00	0.36	2.50	2.61	76.28	0.00	13.64	0.47
56	DT1803-01	21.3	175	20.40	15.75	173.0	0.47	0.00	4.67	1.14	85.98	10.00	0.00	6.62
57	DT1803-02	14.4	155	14.25	8.55	154.0	0.00	0.00	1.04	0.65	147.66	0.00	0.00	4.63
58	DT1803-03	18.2	194.5	17.85	16.55	193.5	0.00	0.26	1.92	0.77	115.47	0.00	33.33	8.06
59	DT1803-04	17.5	186	16.90	13.25	184.5	0.57	0.00	3.98	0.81	124.59	14.29	0.00	6.68
60	DT1803-05	14	183	13.60	8.25	182.0	0.71	0.54	3.55	1.09	131.90	20.00	50.00	4.27
61	DT1803-07	12.7	158	12.10	4.90	157.0	0.78	0.00	5.47	0.63	89.54	14.29	0.00	2.10

注：表中"/"表示由于某种原因而无法完成该根古木的后续测量工作。

附录 B1　壳聚糖法加固的饱水古木基本情况

序号	古木所在探坑编号	两端直径 A/cm	中间直径 /cm	两端直径 B/cm	饱水质量 /kg	总长度 /cm	泥下尺寸 /cm	尖削尺寸 /cm	年代
1	AT2001-10	15.7	16.2	14.7	7.95	83	30	—	中
2	AT2001-13	13.0	12.9	13.9	3.15	38	21	16	中
3	AT1901-09	12.7	12.9	12.0	5.85	79	15	—	中
4	AT1901-17	12.9	11.5	11.5	7.40	87	28	—	中
5	AT1901-20	8.5	7.4	6.5	2.10	56	18	—	中
6	DT1802-02	6.5	6.5	6.2	1.55	48	20	17	早
7	DT1802-04	7.6	7.2	7.2	1.50	41	15	25	早
8	DT1802-06	6.5	6.8	6.8	1.85	50	11	—	早
9	DT1801-02	14.0	12.9	14.1	8.20	70	13	48	中
10	AT2005-01	14.1	14.1	11.4	5.20	68	46	—	中
11	AT2005-17	14.6	17.1	17.5	8.60	73	31	18	中
12	AT2004-07	12.9	11.7	11.9	2.30	40	横梁	—	早
13	AT2104-06	12.5	12.8	5.5	8.40	80	8	—	中
14	AT2105-03	13.3	12.9	11.6	6.55	75	12	31	中
15	AT2105-09	13.8	15.4	16.3	6.30	64	10	13	中
16	AT2106-03	11.5	10.1	10.6	6.50	72	55	11	中
17	AT2106-04	8.9	9.4	9.3	2.30	40	—	13	中
18	AT2106-05	7.4	7.3	7.2	1.25	38	10	9	中
19	AT2106-10	9.8	9.6	9.1	1.25	48	—	—	中
20	AT2106-14	10.5	12.5	10.0	3.65	52	11	—	中

注：表中"/"表示"无泥下部分"或"无尖削部分"。

附录 B2 壳聚糖加固古木加固干缩率和估算载药量

序号	古木编号	加固后中间直径/cm	加固后气干质量/kg	加固后总长度/cm	加固干缩率(横向)/%	加固干缩率(纵向)/%	估算载药量/%	沉积在古木中加固试剂质量/kg
1	AT2001-10	14.00	1.95	81.0	13.58	2.41	51.34	0.42
2	AT2001-13	/	/	/	/	/	/	/
3	AT1901-09	/	/	/	/	/	/	/
4	AT1901-17	10.40	1.50	80.0	9.57	8.05	25.06	0.27
5	AT1901-20	6.80	0.35	52.5	8.11	7.08	16.73	0.05
6	DT1802-02	6.00	0.30	45.0	7.69	6.25	19.42	0.04
7	DT1802-04	6.40	0.30	38.5	11.11	6.10	23.40	0.05
8	DT1802-06	6.00	0.35	47.9	11.76	4.20	16.73	0.05
9	DT1801-02	11.50	1.55	66.0	10.85	5.71	16.62	0.20
10	AT2005-01	12.50	1.00	65.0	11.35	4.41	18.65	0.14
11	AT2005-17	15.90	1.90	66.7	7.02	8.63	36.31	0.37
12	AT2004-07	10.50	0.45	37.5	10.26	6.25	20.71	0.07
13	AT2104-06	12.00	1.95	76.0	6.25	5.00	43.23	0.31
14	AT2105-03	11.60	1.45	70.5	10.08	6.00	36.58	0.26
15	AT2105-09	14.00	1.20	59.0	9.09	7.81	17.52	0.16
16	AT2106-03	9.20	1.20	67.0	8.91	6.94	13.90	0.13
17	AT2106-04	8.60	0.45	37.0	8.51	7.50	20.71	0.07
18	AT2106-05	6.50	0.25	34.5	10.96	9.21	23.40	0.04
19	AT2106-10	8.70	0.25	43.0	9.38	10.42	23.40	0.04
20	AT2106-14	12.10	0.70	47.5	3.20	8.65	18.33	0.10

注：表中"/"表示由于某种原因而无法完成该根古木的后续测量工作。

附录 C1 酚醛树脂法加固的饱水古木基本情况

序号	古木所在探坑编号	两端直径 A/cm	中间直径 /cm	两端直径 B/cm	饱水质量 /kg	总长度 /cm	泥下尺寸 /cm	尖削尺寸 /cm	年代
1	AT2001-01	20.2	17.8	15.9	12.50	82	16	—	中
2	AT2001-02	11.5	10.7	10.8	9.15	110	62.5	19	中
3	AT2001-05	10.7	11.3	10.0	10.15	135	77	16	中
4	AT2001-07	12.2	13.3	13.4	8.95	80	58	29	中
5	AT2001-08	14.5	15.7	14.9	14.85	105	50	29	中
6	AT2001-09	12.9	12.8	12.7	10.60	88	40	—	早
7	AT2001-14	14.8	15.4	12.6	8.45	76	14	31	中
8	AT2001-15	14.5	13.9	13.4	6.00	66	11	—	中
9	AT2001-16	13.8	13.6	13.0	5.25	69	18	—	中
10	AT2001-17	16.4	17.6	16.9	5.45	43	8	13	中
11	AT2001-18	9.9	9.5	10.1	4.45	63	16	13	中
12	AT2001-19	17.8	17.3	12.9	8.15	83	28	—	中
13	AT2001-20	16.8	14.2	14.4	8.60	87	29	—	中
14	AT2001-21	11.4	11.0	10.4	10.75	119	35	—	中
15	AT2001-23	15.9	16.9	17.4	9.30	77	11	15	中
16	AT2001-24	12.5	12.2	11.9	5.70	52	38	—	中
17	AT2001-25	14.9	11.1	10.8	3.95	57	横的	—	中
18	AT1901-02	13.4	13.1	12.9	8.35	78	55	—	中
19	AT1901-06	19.7	18.0	18.0	9.10	62	13	—	早
20	AT1901-07	20.7	15.7	15.4	21.9	133	31	7	晚
21	AT1901-10	10.1	9.9	9.6	5.00	60	8	—	中
22	AT1901-11	9.5	10.4	10.6	5.15	63	9	—	早
23	AT1901-15	12.4	12.4	12.3	8.80	82	29	30	中
24	AT1901-18	11.5	10.9	12.9	6.50	84	21	18	中
25	AT1901-19	20.7	21.0	19.3	6.80	56	49	—	中
26	AT1901-21	9.9	9.9	9.8	5.00	58	15	—	中
27	AT1901-22	17.6	14.5	13.1	7.20	69	26	—	中
28	AT1901-24	15.7	16.7	14.8	8.80	56	20	—	中
29	DT1802-08	8.0	7.6	7.5	2.90	62	30	—	中
30	AT2005-04	13.4	14.0	9.6	7.40	118	38	35	中
31	AT2005-05	18.1	19.4	19.5	15.50	98	30	23	晚

(续)

序号	古木所在探坑编号	两端直径 A/cm	中间直径 /cm	两端直径 B/cm	饱水质量 /kg	总长度 /cm	泥下尺寸 /cm	尖削尺寸 /cm	年代
32	AT2005-15	17.2	17.2	15.7	13.55	137	54	21	
33	AT2005-16	16.9	16.6	16.2	7.60	57	30	26	中
34	AT2005-20	14.9	14.6	14.2	9.19	90	40	—	早
35	AT2004-02	5.9	5.7	5.3	2.75	104	无	—	早
36	AT2004-04	13.6	15.1	14.4	14.05	85	23	—	晚
37	AT2004-06	12.1	11.7	12.5	11.30	140	20	72	晚
38	AT2004-08	17.8	16.5	15.8	13.30	99	11	—	中
39	AT2004-10	26.9	25.9	25.2	55.75	132	—	46	晚
40	AT2104-01	9.6	7.6	8.2	4.10	73	19	—	中
41	AT2104-02	8.1	7.5	7.3	5.45	112	18	—	中
42	AT2104-03	10.2	15.5	14.7	8.10	73	16	34	中
43	AT2104-04	16.5	16.4	12.1	6.90	73	—	—	中
44	AT2105-01	18.3	18.9	11.2	32.35	132	27	32	晚
45	AT2105-02	11.6	11.9	11.2	11.35	107	10	—	中
46	AT2105-07	11.0	13.0	15.4	4.70	74	24	24	中
47	AT2105-11	14.6	14.5	15.5	10.80	109	14	55	中
48	AT2105-12	18.7	18.7	20.1	10.85	113	13	55	中
49	AT2105-13	12.2	12.2	12.5	11.00	112	32	35	中
50	AT2105-16	13.4	12.9	11.8	4.39	62	9	—	中
51	AT2105-18	8.4	8.1	7.9	3.50	79	5	33.1	早
52	AT2106-07	3.9	4.5	4.6	1.20	70	35	11	早
53	AT2106-08	12.8	11.5	11.8	9.10	83	45	—	中
54	AT2106-13	10.3	7.6	8.4	5.50	100	16	—	早
55	AT2106-15	11.5	10.4	12.1	6..00	73	25	25.3	中
56	DT1803-06	15.5	16.4	18.2	17.45	125	46	40.8	晚
57	DT1803-08	23.5	22.7	22.5	31.30	88	9	—	晚
58	DT1803-09	21.4	21.7	21.1	25.20	82	25	20	晚
59	DT1803-10	13.9	13.31	13.9	8.25	64	22	—	晚

注：表中"—"表示"无泥下部分"或"无尖削部分"。

附录 C2 酚醛树脂加固古木加固干缩率和估算载药量

序号	古木编号	加固后中间直径/cm	加固后气干质量/kg	加固后总长度/cm	加固干缩率(横向)/%	加固干缩率(纵向)/%	估算载药量/%	沉积在古木中加固试剂质量/kg
1	AT2001-01	16.05	4.20	77.0	9.83	6.10	107.31	1.98
2	AT2001-02	10.05	3.60	107.5	6.07	2.27	142.75	1.92
3	AT2001-05	10.65	4.05	130.0	5.75	3.70	146.18	2.19
4	AT2001-07	12.05	3.25	78.0	9.40	2.50	124.04	1.64
5	AT2001-08	13.65	5.70	103.3	13.06	1.62	136.82	2.99
6	AT2001-09	12.25	4.10	85.0	4.30	3.41	138.64	2.17
7	AT2001-14	13.55	3.35	74.8	12.01	1.58	144.60	1.80
8	AT2001-15	13.15	2.95	64.0	5.40	3.03	203.35	1.80
9	AT2001-16	11.65	2.00	67.7	14.34	1.88	135.04	1.04
10	AT2001-17	15.55	1.90	40.5	11.65	5.81	115.09	0.92
11	AT2001-18	8.55	1.65	60.0	10.00	4.76	128.77	0.84
12	AT2001-19	16.55	3.30	81.0	4.34	2.41	149.82	1.80
13	AT2001-20	12.75	3.45	85.5	10.21	1.72	147.51	1.87
14	AT2001-21	/	/	/	/	/	/	/
15	AT2001-23	15.35	3.30	73.0	9.17	5.19	118.93	1.63
16	AT2001-24	10.35	2.15	50.5	15.16	2.88	132.72	1.11
17	AT2001-25	10.25	1.60	54.0	13.14	5.26	149.92	0.87
18	AT1901-02	12.25	2.75	71.0	6.49	8.97	103.20	1.27
19	AT1901-06	16.45	3.70	61.7	8.61	0.48	150.86	2.02
20	AT1901-07	14.25	8.95	130.0	9.24	2.26	152.15	4.91
21	AT1901-10	8.95	1.80	57.0	9.60	5.00	122.11	0.90
22	AT1901-11	9.25	1.80	60.0	11.06	4.76	115.64	0.88
23	AT1901-15	11.35	3.20	80.0	8.47	2.44	124.36	1.61
24	AT1901-18	9.75	2.25	80.0	10.55	4.76	113.57	1.09
25	AT1901-19	19.15	2.40	53.0	8.81	5.36	117.76	1.18
26	AT1901-21	8.85	1.80	56.0	10.61	3.45	122.11	0.90
27	AT1901-22	13.85	2.25	67.0	4.48	2.90	92.81	0.98
28	AT1901-24	14.55	3.20	54.0	12.87	3.57	124.36	1.61
29	DT1802-08	6.95	1.05	59.0	8.55	4.84	123.39	0.53
30	AT2005-04	13.15	3.65	115.6	6.07	2.03	204.32	2.23
31	AT2005-05	17.05	5.85	94.0	12.11	4.08	132.86	3.03

(续)

序号	古木编号	加固后中间直径/cm	加固后气干质量/kg	加固后总长度/cm	加固干缩率（横向）/%	加固干缩率（纵向）/%	估算载药量/%	沉积在古木中加固试剂质量/kg
32	AT2005-15	16.50	4.85	126.0	4.07	8.03	120.84	2.41
33	AT2005-16	15.85	2.55	53.0	4.52	7.02	107.01	1.20
34	AT2005-20	12.75	3.45	84.0	12.67	6.67	131.62	1.78
35	AT2004-02	5.15	1.00	97.0	9.65	6.73	124.36	0.50
36	AT2004-04	13.85	5.20	81.0	8.28	4.71	128.35	2.66
37	AT2004-06	10.45	4.30	136.0	10.68	2.86	134.78	2.24
38	AT2004-08	15.25	4.35	94.0	7.58	5.05	101.79	1.99
39	AT2004-10	24.65	22.65	130.0	4.83	1.52	150.67	12.38
40	AT2104-01	7.45	1.55	69.7	1.97	3.99	133.25	0.80
41	AT2104-02	/	/	/	/	/	/	/
42	AT2104-03	13.95	2.90	69.0	10.00	5.48	120.89	1.44
43	AT2104-04	15.45	2.30	70.0	5.79	4.11	105.66	1.07
44	AT2105-01	17.85	10.80	124.0	5.56	6.06	105.98	5.05
45	AT2105-02	10.75	4.20	104.0	9.66	2.80	128.31	2.15
46	AT2105-07	11.45	1.55	69.0	11.92	6.76	103.47	0.72
47	AT2105-11	12.85	4.85	104.0	11.38	4.59	177.07	2.82
48	AT2105-12	16.35	4.15	107.8	12.57	4.60	135.99	2.17
49	AT2105-13	11.05	4.10	106.0	9.43	5.36	129.97	2.11
50	AT2105-16	11.65	1.75	59.5	9.69	4.03	145.95	0.94
51	AT2105-18	7.25	1.15	74.0	10.49	6.33	102.72	0.53
52	AT2106-07	4.10	0.40	66.0	8.89	5.71	105.66	0.19
53	AT2106-08	9.95	3.35	81.5	13.48	1.81	127.13	1.70
54	AT2106-13	7.35	1.85	98.0	3.29	2.00	107.53	0.87
55	AT2106-15	9.25	2.00	69.7	11.06	4.52	105.66	0.93
56	DT1803-06	15.05	7.80	122.5	8.23	2.00	175.79	4.52
57	DT1803-08	20.45	12.00	83.0	9.91	5.68	136.54	6.30
58	DT1803-09	19.05	8.90	78.0	12.21	4.88	117.90	4.38
59	DT1803-10	11.75	2.95	60.6	11.72	5.31	120.62	1.47

注：表中"/"表示由于某种原因而无法完成该根古木的后续测量工作。